水培花卉

第三版

彭东辉　吕伟德　周育真

化学工业出版社
·北京·

本书在广受读者欢迎的第二版基础上修订而成，增加了水培新容器、新形式等内容，并增加了水培最多遇到的病虫害照片及环保型防治法。除此之外，在观叶、观花、观果、食用、仙人掌多肉类五部分均增加了新花卉，并对所有花卉水培需光度作了标注。本书分基础篇和栽培养护篇。基础篇讲述了水培花卉的特点、选购、制作与养护方法。栽培养护篇图文结合，讲解了111种各类水培花卉的产地分布、识别要点、生态习性、水培管理、常见问题和应用与保健等，并标示了水培养护的容易度、光照强度。尤其本书利用分步图具体讲解了水培花卉制作与养护方法，提供方便实用的病虫害防治方法和防虫剂制作方法，对水培常见问题予以解答，非常实用。本书适合水培爱好者、养花爱好者、花卉生产经营与管理销售人员及相关专业人员参考阅读。

图书在版编目（CIP）数据

水培花卉/彭东辉，吕伟德，周育真编著. —3版.
北京：化学工业出版社，2018.5（2024.11重印）
ISBN 978-7-122-31629-5

Ⅰ.①水… Ⅱ.①彭…②吕…③周… Ⅲ.①花卉-水培 Ⅳ.①S680.4

中国版本图书馆CIP数据核字（2018）第040821号

责任编辑：李 丽 装帧设计：关 飞
责任校对：王 静

出版发行：化学工业出版社（北京市东城区青年湖南街13号 邮政编码100011）
印 装：涿州市般润文化传播有限公司
795mm×1330mm 1/24 印张11 字数230千字 2024年11月北京第3版第5次印刷

购书咨询：010-64518888 售后服务：010-64518899
网 址：http://www.cip.com.cn
凡购买本书，如有缺损质量问题，本社销售中心负责调换。

定 价：59.00元

前言

《水培花卉》（第三版）是在2012年出版的《水培花卉》（第二版）基础上修订而成。为了更好地满足读者的需要，笔者在编写过程中充分考虑读者和同行反馈的意见和建议，及时将近年来水培的新技术、新材料进行介绍，以便读者能够了解水培技术发展最新动态。

本书分为基础篇和栽培养护篇。其中基础篇增加了水培新容器、新形式等照片，特别增加了水培爱好者遇到最多的病虫害照片以及环保型防治法。栽培养护篇在保持每种花卉配上相应彩色照片，图文并茂，便于读者对照的基础上，在观叶、观花、观果、食用、仙人掌多肉类五部分均增加了新花卉；并对每种花卉水培需光多少用图形表示，为最喜光花卉，为喜半阴花卉，为喜阴花卉，方便读者根据自身条件选择适合的花卉进行水培，并有的放矢，养好水培植物。

本书基础篇第一至第三节、栽培养护篇的“观叶类花卉”“多浆类花卉”部分由彭东辉编写，“观花类花卉”部分由吕伟德编写，基础篇第四节“水培花卉的日常管理”由彭彪提供资料，周育真编写，“观果类花卉”“食用类花卉”由商世能提供资料，彭东辉编写。

鉴于笔者水平有限，再加上编写时间较为仓促，资料收集不够全面，书中不足和疏漏之处，望广大读者批评指正。

彭东辉

2018年3月于福州

第二版前言

本书是在2009年出版的第一版基础上修订而成。为了更好地满足读者的需要，在编写过程中充分考虑读者和同行反馈的意见和建议，及时将两年多来水培的新技术、新材料进行介绍，以便读者能够了解水培技术发展最新动态。

本书共分为基础篇和栽培养护篇。其中基础篇增加了水培新容器、新形式等照片，特别增加了水培爱好者遇到最多的病虫害以及环保型防治方法等方面内容。栽培养护篇保持每种花卉配上相应彩色照片，图文并茂，便于读者对照特色；保留原有的观叶、观花、观果、多浆类（仙人掌多肉类）四部分；在以上原有特色内容基础上增加了食用类花卉部分，各部分均增加了新花卉，部分种还增加了品种照片；并对每种花卉水培管理容易程度用★的数量进行分级，其中★★★★★为最易水培花卉，★数量越少表示水培难度越大，方便读者根据自身条件选择适合的花卉进行水培。

本书基础篇前三节、栽培养护篇的“观叶类花卉”“多浆类花卉”部分由彭东辉编写，“观花类花卉”部分由吕伟德编写；基础篇第四节“水培花卉的日常管理”由彭彪编写，“食用类花卉”“观果类花卉”由商世能编写。

鉴于笔者水平有限，再加上编写时间较为仓促，资料收集不够全面，书中不足和疏漏之处，望广大读者批评指正。

彭东辉

2012年1月于福州

目录

基础篇

栽培养护篇

目录

   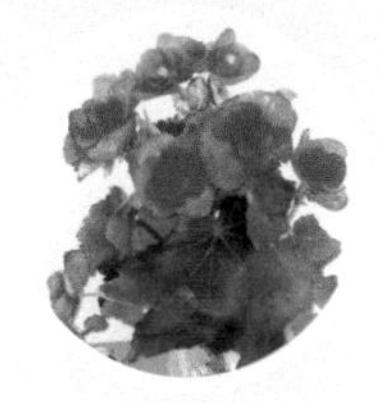

目录

目录

基础篇

第一节 水培花卉略谈

一、水培花卉的概念

水培花卉，是无土栽培非固体基质栽培的一种特殊的形式，是指以水为介质，将花卉直接栽种在盛营养液的容器里面，是室内绿化的一种新型栽培方法。

大家通常容易将水培花卉与水生花卉混淆起来。水培花卉是运用现代物理技术、计算机技术、自动控制技术及生物技术等综合技术措施，对陆生花卉植物的根系进行生化诱变，使植物根系的组织结构、生理性状发生逐步变化，并最终使其根系完全适应水环境（图1-1）。换句话说，就是把原来长在土里的植物换种在水里，用特殊的方法使它能够正常生长、释放氧气、净化空气、开花甚至结果。而水生花卉是指在水中或沼泽地生长的花卉，比如荷花、睡莲等（图1-2），这类花卉长年生长在水中，根和地下茎可以在缺氧状态下保持正常生长。

图1-1 水培花卉

图1-2　水生花卉

二、水培的十大优点

水培花卉，上面五彩缤纷、花香满室，下面鱼儿畅游，卫生、环保、省事，所以水培花卉又被称为“懒人花卉”。与传统土培花卉相比，具备以下10大优点。

1. 观赏性强

使人不仅可以欣赏花卉地面部分的发芽、生长、开花、结果全过程，还可以通过透明瓶体看到植物世界独具观赏价值的根系生长过程；在透明的花瓶内养上几条小鱼，鱼儿悠闲畅游的独特韵味，美不胜收；另外，材质不同、造型多样的工艺器皿本身也极具观赏性。

2. 清洁卫生

无泥土、无杂草、无蚊虫、无异味、少虫害。水培花卉生长在清澈透明的水中，没有泥土，不施传统的肥料，不会滋生病毒、细菌、蚊虫，更无异味，可广泛应用于企业、宾馆、酒楼、机关、医院、商店、家庭等各种场合。由于彻底摒弃了土壤，使花卉从污泥浊水中解放出来，所以不光减少了花卉的病虫害，而且清洁无污染，易管理。

3. 养护简单

定期添换清水和营养液，“懒汉”也能养好花，一般1个月左右换1次水加几滴营养液即可，而且一组（两瓶）营养液可用1～2年。就拿土培杜鹃来说吧，种过的人都知道，每天都要给它们浇水，尤其是盛花期，如果一天不浇，花就打蔫了。而水培的杜鹃就省去了这个麻烦，由于瓶中有营养液，即使出差1个月也没有问题，适合快节奏的现代生活。种植水培花卉特别简单，省时、省事、省钱、省心！

图1-3　组合水培

4. 自由组合

各种水培花卉可以像鲜花那样随意组合起来培养，且长期生长，形成精美的艺术品。如几种水培花卉组合在一起可组成"龙凤呈祥""比翼双飞"等。还可将不同花期的水培花卉组合成四季盆景，表达生意常年红火，买卖四季兴隆之意（图1-3）。

5. 形式多样

水培花卉既可像普通花卉一样一株一盆，也可以组合成盆栽艺术品；大型园林工程中可以融入山、水、鱼、桥等，花在水中长，鱼在池中游，景色新颖，高雅别致；也可将水培花卉培养在饭桌、茶几、吧台上，形成生态家具。如果在办公室、酒吧、咖啡屋、餐厅摆上这样的家具，在吃饭、开会、聊天时，又可观赏奇花异景，平添高雅情调。

6. 调剂生活

水培花卉大部分花卉可直接食用和药用。花卉中含有各种生物苷、植物激素、酯类、有机酸、维生素和微量元素等，可以抑制皮肤老化，增强皮肤细胞的活力，达到护肤、润颜、美容的作用。比如玫瑰、芦荟、月季等室内植物就有很好的美容效果。据统计，目前可以用来食用的花卉品种已经达到200多种，而药用的花草更是不计其数。像牡丹、芍药、菊花、金银花等花卉更是集药用和食用于一身，在家中养上几盆，便可以直接采来食用或药用，一举多得！茉莉、玫瑰、紫罗兰、薄荷等植物散发的宜人香气可以使人放松、精神愉快，缓解不良的情绪，有利于睡眠，提高生活质量和工作效率。

7. 净化空气

水培花卉的枝叶可吸收CO_2和有毒气体，释放O_2，花卉释放自身独有的芬芳香味，让生活处处芳香四溢，使人们能在优美的环境中工作和学习。比如常春藤、白鹤芋、吊兰、虎尾兰、一叶兰、龟背竹吸收甲醛的能力就特别强；铁树、菊花、石榴、山茶等能有效地清除二氧化硫、氯、乙醚、乙烯、一氧化碳、过氧化氮等有害物质。

中国室内环境监测工作委员会在利用植物净化室内环境的课题研究中，经过测试和评价，按照每平方米植物叶面积24h净化空气中的有害物质计算。常见花卉的净化有害气体效果如下。

常春藤可以清除1.48mg的甲醛、0.91mg的苯。

黑美人可以清除0.93mg的甲醛、0.4mg的苯、2.49mg的氨。

绿萝可以清除0.59mg的甲醛、2.48mg的氨。

发财树可以清除0.48mg的甲醛、2.37mg的氨。

散尾葵可以清除0.38mg的甲醛、1.57mg的氨。

白鹤芋可以清除1.09mg的甲醛、3.53mg的氨。

孔雀竹芋可以清除0.86mg的甲醛、2.91mg的氨。

栗豆树可以清除1.33mg的氨。

灰莉可以清除1.29mg的氨。

有研究显示，室内观叶植物还是天然的除尘器，它们植株上的纤毛能截留并吸附空气中飘浮的微粒及烟尘。如果房间内有足够数量的此类植物，那么房间中的浮游微生物和浮尘的含量都会降低。

水培花卉在我们的日常生活中扮演着十分重要的角色，它们不仅能够吸收有害气体如二氧化碳、甲醛、一氧化氮、苯类物质、尼古丁等，而且能释放出氧气，使室内空气中的负离子含量增加，提高室内的空气湿度，是天然空气加湿器。一盆清水，一株花朵，一棵绿植，使人心旷神怡，有利身心健康。现将常见的可被净化的空气污染物种类及相应植物种类简单归纳如下。

净化甲醛：龟背竹、吊竹梅、吊兰、澳洲杉、苏铁、巴西铁、常春藤、绿萝、合果芋等。

净化苯类物质：红掌、合果芋、铁兰、袖珍椰子、铁线蕨、鸟巢蕨、心叶蔓绿绒等。

净化尼古丁：鹅掌柴、绿萝、富贵竹、黄金葛、常春藤、芦荟、吊兰等。

净化硫化氢：虎尾兰、一叶兰、月季、蔷薇等。

净化二氧化硫：栀子、菊花、百合、八仙花、金麒麟、垂叶榕等。

净化三氯乙烯：龙血树、金钱树、广东万年青、白柄粗肋草、花叶万年青、铜钱草等。

净化一氧化碳：百合、芦荟、龙舌兰、苏铁、发财树、橡皮树等。

净化二氧化碳：铁兰、 仙人球、彩叶草、鸟巢蕨、发财树、春羽、文竹、冷水花等。

净化氨气：人参榕、白掌、合果芋、绿萝、发财树、白鹤芋等。

净化乙醚：天堂鸟、石莲花、万年青、芦荟、月季等。

8. 调节小气候

居室摆放水培花卉，可以增加室内外空气湿度，调节小气候，有益身心健康。特别是北方冬季因用暖气或生煤取暖，导致室内空气干燥，室内种植水培花卉后，相当于在室内放置了一盆水，大大增加了室内的空气湿度。在室内种植一些对空气湿度有高度要求的植物，比如绿萝、常春藤、杜鹃、蕨类植物等，会使室内的湿度以自然的方式增加，形成天然的加湿器。

水培花卉还有降温、防辐射的功能。

水培花卉还能制造氧气和负离子。大部分植物在白天都会通过光合作用释放氧气，尤其要指出的是仙人掌类植物，其肉质茎上的气孔白天关闭，夜间打开，所以在白天释放

图1-4　花鱼共养、动静结合

二氧化碳，夜间则吸收二氧化碳，释放出氧气。同时芦荟、景天等植物的叶子在释放水蒸气的时候会产生负离子，使室内空气中的负离子浓度增加。

9.立体种植

立体种植，顶上赏花观叶，水中观根赏鱼。实现了花鱼共养，上面红花绿叶，下面须根飘洒，水中鱼儿畅游；立体种植，产品新奇，是送礼佳品；水培花卉，多层种养，可节约空间和土地。

10.动静结合

水培花卉的花鱼共养可达到鱼在根间游，根随鱼儿飘的观赏效果，静中取动，生机蓬勃（图1-4）。

三、水培花卉的栽培形式

水培分为雾化水培（图1-5）、直接水培（图1-6）、营养液膜下滴灌等多种栽培形式。每种栽培形式各有优劣，但如只是从美观耐看和家居栽培适用性来衡量的话则以直接水培最为时尚、美观和简单，所以现在市场上销售的水培花卉一般都是直接水培形式。

图1-5　雾化水培

图1-6　直接水培（左为报架式）（种植板式，照片由王华芳提供）

第二节　水培花卉的选购及注意事项

一、水培花卉选购

水培花卉的选购要考虑以下几点。

1. 个人的喜好

对于居家水培花卉的选择，建议选择适应性强、栽培管理容易、能改善环境的品种，如吊兰、白鹤芋、虎皮兰、龟背竹、富贵竹等。

如果对某类花卉有特殊兴趣，为了在自己家中陈列珍奇品种，则可选择一些不同于一般人经常采用的水培花卉。物以稀为贵，新引进，还未普及或繁殖，栽培难度大的品种，其价格相对比较昂贵。或许因为它们与众不同的观赏特性，会使有些人对它们爱之有加，以至愿意慷慨解囊，但对美化环境，它们并不一定具有十分突出的价值，而且它们往往要求特殊的环境条件和较高的栽培技术，一般人不要去选择这类品种。

2. 摆设花卉的环境

在大型空间种植或摆放株形高大的水培花卉；反之，则选择株形小的植株。如经济上许可，选购一些姿态优美，在高度、大小上能和家居空间相匹配的植株。一株2米左右的花叶榕可在室内生长十多年，甚至数十年。它的体形短时间内不会有明显的变化，也不会因衰老过快而需要更新，管理极为方便，可以省去很多照料它的精力。

3. 水培花卉的习性

在选择家庭水培花卉以前要了解它们的生长特性，以及其生长速度如何，最终大致能长到多高多大等信息。

4. 栽培养护的水平

在选择水培花卉前，要考虑有可能花多少时间和精力去管理它们。如果你是个上班族，则可以选择容易栽培的花卉，这类花卉较多，它们适应环境的范围也较宽。如虎尾兰、绿萝、富贵竹、吊竹梅、广东万年青等植物；如果你有一定的养花经验，并有较多时间，不妨试试栽培那些对环境要求较为严格的花卉，如竹芋类、某些热带兰、国兰、仙人掌与多肉类以及木本植物等。本书中已将各种花卉的水培容易程度用★表示出来，★的数量越多代表水培越容易，读者可以参照选择。

二、真假水培花卉识别要点

因水培花卉与盆栽花卉之间的价格悬殊，致使一些并不具备生产能力的商贩，用水生花卉或盆花洗净后直接放进水里，冒充水培花卉，从而扰乱市场。那么如何辨别真假呢？

1. 看根系形态辨真假

经诱导的水培花卉，根毛已退化，且大部分为垂直生长的直根，不像在大部分土里长的植物那样根及根毛成网状分布，有主根、侧根、毛细根、根毛之分，也就是不会以多级分枝的次生根状态存在，即使有分级，也是基于须状不定根基础上的少量分叉根，级数少、根构简单，是它最为明显的特征。另外，一些原本胚根植物，经诱导后一级不定根的数量明显增加，也就是根比重大大提高，根系数量多而发达，似胡须状（图1-7）。

图1-7　水培根与土培根比较

2. 看根系的色泽辨真假

水生诱导形成的植物水生根大多具有洁白脆嫩之特点，但并不是所有植物的水生根都呈白色。少数植物，比如红花继木的水生根就呈红色；‘红宝石’喜林芋的根在水中呈现出淡粉红色，根的尖端有一粒深红色的亮点；龙血树的根系呈黄色等，但其水生根也比陆生根色泽明显偏淡，如黄白色、淡黄色、淡褐色等。这与水生根薄壁组织发达，细胞未发生或少发生胞壁加厚的木栓化、木质化有关。对大部分植物而言，洁白的根系是水生根活力的象征。

3. 从根的完整性辨真假

经水生诱导的根系是从初生不定根开始进行了重新的生长与分化，而且都是在水环境中完成，具有根系的完整性，而一些土壤栽培的植株，尽管小心地进行了冲洗，但总还存在着轻微损伤或严重残根，这种根系的完整性是土洗苗难以做到的。

4. 从水的清澈度辨真假

土培洗根后制作的假冒水培花卉，因根系未能适应水环境，在缺氧环境下，会因无氧呼吸而外排大量的有毒中间代谢产物，使容器中的水很快变混浊、发臭，继而根系腐烂直至死苗。

三、水培容器

市场上的水培容器多种多样，要选择适合的水培容器，需要注意以下几点：由于植物水培是将植物根系直接浸入配置好的水溶营养液中培育，所以盛放营养液的容器应该是无任何的孔隙、孔洞的；同时容器最好是透明的（如果是要赏根的话），并且具有一定的造型及艺术形象，以便于更好地观赏植物根系和衬托植物的娇容。家庭养花可以因地制宜，选用不同质地、造型各异、具有良好艺术造型的器皿进行植物水培（图1-8）。

用于水培的容器最好要有透明度，且以无色、无印花和气泡等为佳，这样便于观赏根系的生长发育过程以及根系色彩等。按照材质来分，常见以下几类。

① 玻璃、有机玻璃等。这类容器品种繁多，造型优美，透明度高，是理想的植物水培容器。常见的有花瓶、酒杯和实验室中常用的三角瓶、烧杯等。

塑料定植杯

安装增氧设备的容器

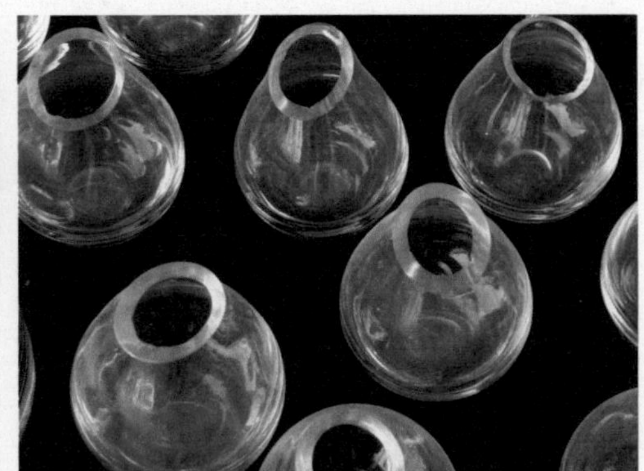

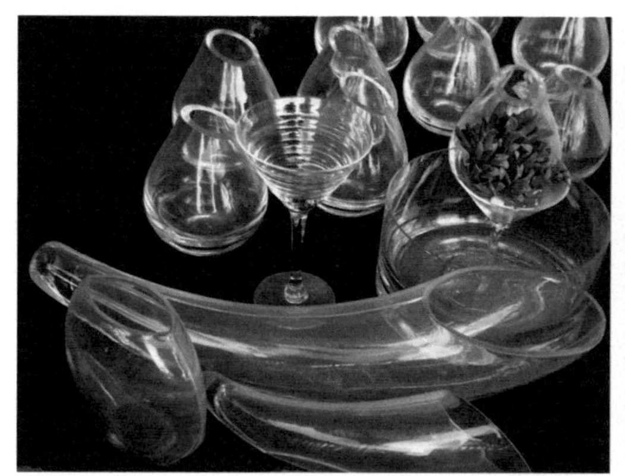

图1-8　水培常见容器

② 塑料制品。其特点是品种繁多，造型优美，有一定的透明度；还可根据植物水培时的要求对其进行改造剪截后应用。常见的有饮料瓶、矿泉水瓶、食品和保健品的外包装容器等。

③ 其他的瓶罐。一些透明度不高的，但形态奇特、线条流畅、甚至还具有古典特色的容器，如陶、瓷质及木竹筒等，用于盛放色彩鲜艳的花卉，花与容器互为衬托，美不胜收。不足之处是无法观赏根系，所以仅能在一定的场合下应用。

四、水培营养液

市场上可供选择的植物营养液有多种。选购合适的营养液，首先，应该到水培花卉专卖店，选购与所要栽培的花卉配套的营养液。一般而言，专卖店的产品是可信的，只要按说明书操作一般不会有问题。其次，如果没有与栽培品种配套的营养液，可以选择同属、同科植物的营养液。因为形态特征相似的植物往往有类似或近似的生理、生化特征，以此原则选择的营养液较合适。再次，可选择一些通用型营养液，如霍格兰（Hoagland）营养液、日本园试营养液、观叶植物营养液等。对大多数花卉爱好者来说，选择这类营养液比较合适，在使用和管理等方面均较简单方便。几种常用的植物营养液配方见表1-1和表1-2。

表1-1　常见营养液配方（大量元素）

营养液浓度配方种类	每升水中含化合物的毫克数 / mg · L^{-1}								备注
	四水硝酸钙	硝酸钾	硝酸铵	磷酸二氢钾	磷酸氢二铵	硫酸钾	七水硫酸镁	总盐含量 /mg · L^{-1}	
霍格兰营养液配方	945	607	—	—	115	—	493	2160	通用配方1/2剂量为宜
改良霍格兰营养液配方	945	506	80	136	—	—	493	—	通用配方1/2剂量为宜
日本园试配方（1966）	945	809	—	—	153	—	493	2400	通用配方1/2剂量为宜
观叶植物营养液配方	472	202	80	100	—	174	246	1274	观叶花卉用
Knop水培配方	1150	200	—	200	—	—	200	1750	

表1-2　通用微量营养素配方

化合物名称/化学式	每升水中含化合物的毫克数/mg · L^{-1}
乙二胺四乙酸二钠铁/EDTA-2NaFe	20～40
硼酸/H_3BO_3	2.86
硫酸锰/$MnSO_4 \cdot 4H_2O$	2.13
硫酸锌/$Zn\ SO_4 \cdot 7H_2O$	0.22
硫酸铜/$Cu\ SO_4 \cdot 5H_2O$	0.08
钼酸铵/$(NH_4)_6Mo_7O_{24} \cdot 4H_2O$	0.02

第三节　水培花卉制作

一、水培花卉品种选择

水培花卉大多为家庭养花，室内栽培欣赏，由于光照的原因，宜选择较为耐阴的花卉。外观上叶片浓绿、枝梢粗壮、根系发达、无病虫枝叶、株形美观。不宜选择正在开花或果实将近成熟期的植株；不宜选枝叶生长极旺，嫩枝抽发量极大的植株；不宜选已落叶休眠的植株或处于环境胁迫状态的植株。对于植株生长极快的一年生草本植物可以选择种子进行无土育苗后直接以幼苗来诱导；对于生长速度较快的木本植物或部分草本植物可以取带叶枝段作为离体材料进行快繁催根；而一些生长速度慢的多年生植物，购进后可直接诱导。生理上有缺素症表现的、受非生物的气候胁迫或灾害后的、受病毒病害及虫害侵染的植株都会影响诱导效果哦！

许多植物都可以转化为水培植物，不一定是原来就喜水的植物，甚至连仙人掌类也可以制作成水培植物。从以下的叙述中你会看到近百种花卉都能在水里养。

常见适合作水培的花卉依据观赏部位划分为如下四大类。

（1）观叶类　如绿巨人、万年青、龟背竹、‘小天使’蔓绿绒、春羽、黄金葛、吊兰、绿巨人、绿帝王、白鹤芋、龙血树、金边富贵竹、莲花竹、百合竹、南洋森、红掌、彩叶芋、金钱树、‘太阳神’密叶百合竹、秋海棠、银皇后、蝴蝶兰、酒瓶兰、银边铁、鹅掌柴、发财树、长寿花、广东万年青、巴西木、金皇后、彩叶草、富贵竹、冷水花、一品红、‘绿宝石’喜林芋、肾蕨、袖珍椰子等。

（2）观花类　蝴蝶兰、君子兰、国兰、秋海棠、凤梨类、仙客来、红掌、粉掌郁金香、叶子花、凤仙花、千日红、百日草、瓜叶菊、朱顶红、虎刺梅等。

（3）观果类　辣椒、观赏番茄、朱砂根等。

（4）多浆类　金琥、龙舌兰、芦荟、绯牡丹、条纹十二卷、麒麟掌、蟹爪兰等。

二、水培根系诱导

一般的花卉都是栽在土里的，但是如果你掌握土培转水培技术的话，你将看到像荷花一样生长在水中的君子兰，还有金鱼为伴，这是水培栽植技术带给人们的视觉新享受。通过水培本来栽在土里的君子兰在水里竟然也是格外娇艳，这鱼儿也活得挺自在。

现以风信子为例将土培转水培的具体步骤介绍如下（图1-9）。

图1-9　操作步骤实例

（1）脱盆　上水盆前一两天把土培花卉充分淋透水，以便脱盆、去土，洗根时不伤根系。然后用手轻敲花盆的四周，待松动后可整株植物从盆中脱出（①图）。

（2）去土　用手轻轻把大部分泥土去除（②图）。

（3）水洗　将根上的泥土或基质用水基本洗净（③图）。

（4）去根、修根　去根、修根来催根，是诱导操作的第一步，通过去根打破平衡以促发形成新的不定根根系，去根的机械创伤手段对于根系的发育具有很大的促进作用。将根系中老根、枯根、病根、受伤根以及过长、过密的根进行适当修剪（④图）。

（5）消毒　1‰高锰酸钾浸泡10～20 min或杀菌剂消毒后备用（⑤图）。

（6）栽植固定　将处理好的植株根系分成几股，从定植篮中按不同角度穿入种植筛底孔，让根系舒展在筛孔下，将种植筛连同植株放到栽植容器中，用雨花石、石砾、海绵、陶粒等固定植株（⑥图）。

（7）加营养液　将配制好的营养液（通常是正常浓度的一半）加至植物根系1/3～1/2处（⑦图）。

温度高，湿度大，水培根的诱导较快，一般在7～30天即可长出新根，温度低时长根较慢，需要45～60天才能长出新根。长根过程中，切忌频繁换水和搬动花盆。

三、容器选配

待诱导新根后，花卉就可装盆栽培观赏了，选配合适的容器不仅有利于植株的生长，而且还能够突出花卉的美感。

1. 植物细长高挑或枝蔓下垂、飘逸

宜选用细而且长的容器，使整个构图协调，有利于表现植物的多姿身影，使养花者从中获得美感（图1-10）。

图1-10　容器选配

2. 叶片粗大、体态敦厚的花木

应选用体量较大而又厚实稳重的容器，既均衡又安全。水培娇小秀丽的植物，宜选用小巧轻盈的容器。

下面我们就以一些个别有代表性的植株的容器选择为例来使各位读者对水培植物的容器选择有个更清晰的思路。大家就一起来看看吧！

① 若植株高大，宜选用厚实容器，根据容器口径选择合适的定植杯，如发财树等。

② 若植株纤细、清雅，应选用小型水培容器，再配以适当的容器盖板（枯落物板），选用较小的定植杯，如文竹等。

③ 植株叶厚肉多而较重或植株高大的，如芦荟等，在选择水培容器和锚定植株的材质时应予特殊考虑，以防植株长大时自行倾倒、侧翻。锚定介质以颗粒状为佳，最好选用直径1～1.5cm的陶粒，或直径相仿的卵石、矿渣等，容器可选用直径为15cm的瓷盆或相同截面的矩形容器。

④ 茎秆笔直，容器选细口瓶（单枝插）或直径15cm左右的无底孔容器，如富贵竹等。

⑤ 有些植物对水培容器要求不高，无底孔容器均可适用，也可根据个人的审美情趣选用容器，如吊兰等。

⑥ 有些植物选用有上、下两层的花盆，上层底端具有多个小孔，须根由此通过深入下层的营养液中，上层用于固定植株的基质可选用陶粒、砂、珍珠岩等疏水透气的介质。盆具颜色应与室内环境和所养植株的色彩协调，如百合、八仙花、报春花等。

四、装瓶操作

不管是透明的玻璃瓶容器还是不透明的花盆式容器，其大小都需保障植物有一定的伸展生长空间，过小容器，使根系生长不良甚至造成烂根，同时也影响作品的美观。从审美角度和生理学角度上来说，上瓶后根系占的空间与预留的空间之间的比例为黄金分割点比例，这样的比例无论从植物生长还是审美角度来说都较为科学，所以具体上瓶制作时要按照根系发育状况与植株的大小综合考虑来确定容器的大小。经诱导后的植株根系大多为洁白柔嫩的水生根根系，所以上瓶操作时要尽量小心，以防机械损伤造成烂根而影响生长。诱导时通常直接采用定植杯栽植，诱导完毕后不需再进行拆杯重新定植，直接把定植杯小心地套座在容器或花瓶中，然后梳理好根系让它自由伸展，产生自然飘逸之美。这样既能使植物根系呼吸代谢氧源充足，还可体现作品的和谐之美，如能在水中养上几条小鱼，即可实现动态美与静态美的有机结合。

第四节　水培花卉的日常管理

水培花卉同其他栽培一样，也需要一定管理。其管理技术与土壤栽培或基质栽培相比，虽管理比较简单，技术性不十分复杂，但在整个水培过程中，加强科学管理还是十分重要的环节，是水培成功与否的关键所在。

一、合理加入营养液

大家知道，水培花卉的介质是水，所用的肥料完全是矿质的无机营养，而且是由多种营养元素配制而成的。而对于水中所含营养物质，大家也是比较清楚的：水中含有花卉所需的大量元素氮，磷，钾几乎为空白，所含微量元素与土壤相比，也是相差甚远，远不能满足花卉的正常需要，因此水培花卉及时合理加入营养液，无疑是一项十分重要的管理措施。那么对水培花卉怎样掌握加入营养液特点，加入营养液数量，加入营养液时间及加入营养液技术呢？

图1-11　水培营养液

（1）严格挑选营养液的种类与施用量　与土壤中栽培花卉不同，我们所栽的花卉，是利用无底孔的盆、瓶、缸等器具，以水培的方式施用营养液，我们所追施的营养液中的各种营养元素全部溶解在水中，只要稍微超过花卉对肥料浓度的忍耐程度，就会产生危害。因此，对水培花卉加入营养液量及加入营养液种类的严格控制，是十分重要的一环。因此，在施用营养液时，应注意尽量选用水培花卉专用营养液（图1-11），并严格按照使用说明书使用，严防施用过多，浓度过大造成肥害。

（2）少施、勤施为原则　在加入营养液数量和加入营养液时间上，主要掌握少施勤施的原则，并根据其换水的次数，一般每换一次水都要加一次营养液。以补充换水时造成的肥料流失。

（3）根据不同情况合理施用

① 根据不同花卉种类合理加入营养液。这是因为不同的花卉种类对肥料的适应能力不一样，一般规律是，根系纤细的花卉种类，如彩叶草、秋海棠等花卉的耐肥性差一点，不需要大量的肥料和较大的浓度，因此，对其加入营养液时就应掌握淡、少、稀的原则；而合果芋、红宝石喜林芋等不少花卉则比较耐肥，可掌握勤加营养液的原则。另外，观叶的花卉，其加入营养液应以氮肥为主，辅助以磷、钾肥，以保证叶子肥厚，叶面光滑，叶色纯正。但必须注意对叶面具有彩色条纹或斑块的花卉种类，要适当少施些氮肥，因其在氮肥过多时会使叶面色彩变淡，甚至消失，应适当增施磷、钾肥。对于观花类的花卉，一定掌握在花芽分化及花芽发育阶段，以磷、钾肥为主，适当辅以氮肥，以免造成植株徒长，使营养生长过剩而影响生殖生长，造成花朵小、花朵少、花色淡，甚至不开花的不良后果。

② 根据季节和气温合理加入营养液。一般在夏季高温时，花卉对肥料浓度的适应性

降低，所以此时应降低营养液的浓度，特别是一些害怕炎热酷暑的花卉，在高温季节即进入休眠状态，花卉的生理活动较慢，生长也处于半停止或停止状态。对于此类花卉，此时应停止加入营养液，以免造成肥害。

③ 根据花卉的生长势加入营养液。大家知道，我们室内的光照条件都是比较差的。虽然室内所养观叶花卉大都是喜阴或半喜阴环境，但在长时期缺少光照，或在光照过弱的情况下，其植株的长势也会比较瘦弱的，因此对肥料浓度的适应性也会降低，所以，对在光照条件较差环境中生长不良，或由其他原因造成的植株生长不良时，应该停止加入营养液，或少加入营养液，并尽量降低加入营养液的浓度。

（4）注意事项要牢记　加入营养液时应注意的几个问题如下。

① 刚水培的花卉，还未适应水中的环境，常常会出现叶色变黄或个别烂根现象，此时不要急于加入营养液，可停10天左右，待适应了环境或长出新的水生根后再加入营养液。

② 不要在水中直接施入尿素，因为尿素是一种人工无机合成的有机肥料，水培是无菌或少菌状态下的栽培，如果直接施用尿素，不但花卉不能吸收营养，而且还会使一些有害的细菌或微生物很快繁殖而引起水的污染，产生氨气侵害而造成花卉中毒。

③ 如发现加入营养液过浓造成花卉根系腐烂，并导致水质变劣而污染发臭时，应迅速剪除烂根，并及时换水和洗根。

二、定期换水

水培花卉的换水，是保证水培花卉生长良好的重要一环。那么对于水培花卉为什么要定期换水呢？

一是植物生长的条件除阳光外，主要是水分、养分和空气，水培花卉的水分和养分绝对能保证其需要，而水中氧气的含氧量会随着花卉的生长而日渐减少，当减少到一定程度时，会对花卉生长产生影响，虽然空气中的氧气会不断向水中补充但其补充的数量是远远不够的。

二是水培花卉生长在水里的根系，一方面吸收水中的养分，另一方面又向水中排放

一些有机物质，也有废物或毒素，并在水中沉积，十分不利于花卉的正常生长。

三是水培花卉经常向水里施入的营养液，除一部分矿物质元素被根系吸收外，其余的则残留在水里，当残留的物质达到一定数量时，也会对花卉产生一定的危害。

四是有些水培花卉长期生长在水中的根系，会产生一种黏液，黏液多时不但影响花卉根系对营养的吸收，而且还会对水造成污染。

由于上述原因，必须对水培花卉进行定期换水和洗根。那么，我们怎样掌握换水洗根技术和换水洗根时间呢？

① 根据不同的花卉种类及其对水培条件适应的情况，进行定期换水。有些花卉，特别是水生或湿生花卉，十分适应水培的环境，水栽后可较快地在原根系上继续生出新根，且生长良好。对于这些花卉，换水时间间隔可以长一些。而有些花卉水栽后不适应水培环境，其恢复生长缓慢，甚至水栽后会出现根系腐烂。对于这些花卉，在刚进入水培环境初期，应经常换水，甚至1～2天换1次水。直至萌发出新根并恢复正常生长之后才能逐渐减少换水次数。

② 根据气温的高低及植物的生长调节。气温高时水中含氧量减少，气温低时水中含氧量多。所以，在高温季节应勤换水，低温季节换水时间间隔长一些。

③ 花卉生长正常且植株强壮的，换水时间长一些；由于种种原因造成花卉植株生长不良的，则换水勤一些。

根据以上几个方面，对于换水洗根的要求，大致可以掌握以下原则：炎热夏季，4～5天换1次水；春、秋季节可1周左右换1次水；冬季的换水时间应长一些，一般15～20天换1次水即可。在换水的同时，要十分细心地洗去根部的黏液，切记不可弄断或弄伤根系。如发现器具、山石等有藻类时，应及时清除，以提高观赏价值和利于花卉正常生长。

三、喷水保湿

水培花卉特别是水培观叶植物，大多数喜欢较高的空气湿度，如果室内空气过于干燥，会造成叶片焦尖或焦边。从而影响花卉的观赏价值。因此，平时应经常往植株上喷水，从而提高空气的湿度，有利于花卉正常生长。

四、适当通风

水培花卉的好坏，与水中含氧量有直接关系，而水中含氧量的多少，又与室内人员的活动和通风的好坏有关。在室内通风不良、人员活动频繁时，水中的含氧量迅速减少，会对水培花卉的生长产生影响，而保持室内良好的通风状况，可增加水中的含氧量。因此，对于养有水培花卉的地方，应加强通风，以保持室内清新空气和花卉良好生长。

五、及时修剪

对于一些生长茂盛和根系比较发达的水培花卉，当植株的枝干长得过长影响株形时，应将过长的枝条及时修剪，以免影响观赏。剪下的枝条还可以插入该花卉的器具中，让其生根成长，使整个植株更加丰满完美。其剪根的时间最好在春季花卉开始生长时进行，也可以结合换水，随时剪去多余的、老化的、腐烂的根系，以利正常生长。

六、保持卫生

平时不要向水培花卉的水中投放鱼食及有机肥料。也不能随意将手伸入水中，以保证所用水质不变质、不污染，使其清洁卫生，保证花卉生长。

七、温度管理

观叶植物，多数属不耐寒性花卉，生长适合温度一般为18～25℃。水培花卉适宜的生长温度一般应控制在15～30℃，以确保枝繁叶茂，生机勃勃。

八、科学摆放

室内常光照不足，除了喜阴植物如天南星科、竹芋科等有较强的耐阴特性能适应室内栽培外，其他许多观花与观果类植物常需有较为充足的光照，如长期置于弱光环境会出现

图1-12　水培花卉摆放

黄叶与生长纤弱现象。所以这类植物要放到有漫射光透进的窗前明亮处，如水培金橘、桃、玫瑰、绣球花，但水培花卉与土培花又不同，不能有直射光照射其根系，否则会抑制根系或出现根的光氧化伤害，导致根变黑，严重的腐烂失去活性；过强的光照还会导致水中大量滋生藻类，既影响植物根系对营养和氧气的吸收，还影响美观。所以水培花卉的科学摆放光环境是较为重要的因素，一般室内观叶植物放于办公桌、茶几、餐桌上，电脑旁，以及大厅、厨房内等家居环境，而喜阳的植物放于阳台窗前透光度较好但无直射光的环境（图1-12）。

另外，在植株与建筑之间要留有余地，否则容易产生一种压迫和窒息感。同时，在植株的周围要留有较充裕的空间，这样才能充分展现它们株形或叶形的美感。

九、病虫防治

家庭养花病虫防治使用农药，容易引起环境污染，影响人体健康，也不方便。因此，家庭花卉害虫要巧治，比如可以用些家庭中易得品来防治，如用洗衣粉、辣椒水、蒜汁等可防红蜘蛛，用醋或家用光触媒自洁剂可抑菌，用啤酒液喷叶可壮苗，这样会让枝叶浓绿，增强美观性。现将各位花友日常防虫害总结出的经验进行整理归纳供参考。

1.虫害防治

（1）风油精杀虫法　用风油精700倍液喷洒，具有熏蒸作用，可渗透到虫体内，使害虫致死。特别是对蜡质蚧壳虫防治效果良好。

（2）洗洁精杀虫法　用洗洁精稀释500倍液加入1滴色拉油喷洒，连喷3天，可杀死害虫，再喷清水，减少洗洁精的副作用。

（3）色彩防蚜虫法　在花盆的下面铺设银灰色地膜或在植株上空悬挂银灰色锡箔纸，驱避迁飞性有翅蚜虫。也可在花株上空悬挂黄色板，在黄板上涂上机油或凡士林，诱粘雌蚜，减少发生，防止病毒传播。

（4）植物克虫法　取几瓣大蒜，去皮后捣烂，加水稀释15倍，浸泡24小时后，取上清液。用其喷洒叶片，可防治蚜虫、红蜘蛛、介壳虫等虫害。另外薄荷、薰衣草、无患子、韭菜、洋葱、烟草的浸出液也对蚜虫、介壳虫、红蜘蛛有防治效果。

（5）混合液杀虫法　将洗衣粉、尿素1：4混合后加入100倍的水，搅拌成混合液后，用以喷洒植株，可以收到灭虫、施肥一举两得之效。

（6）熏蒸法　点燃蚊香一盘，置于蚜虫为害植株盆边，再用塑料袋连盆扎紧，经过1小时左右的烟熏后，不论卵或成虫均可杀死。

（7）诱杀法　用于防治蜗牛。将啤酒倒入浅盘内，放于地面上，蜗牛嗅其酒香，就会自行爬入盘中淹死。

常见虫害的识别见表1-3、图1-13。

图1-13　常见虫害

表 1-3 常见虫害的识别

常见虫害名称	识别及习性	危害
介壳虫	虫体小，虫体表面被厚厚的蜡质层包裹。成虫介壳有圆形、矢尖状等不同形状。寄生在叶片、果实和枝条上	吸取枝、叶、果的汁液，引起落叶、落果、叶片变黄，甚至引起植物部分或全株枯萎死亡
蚜虫	蚜虫大小不一，身长从1～10mm不等，分有翅、无翅两种类型，绿色或黑色，有长触角，头小肚子大，肉眼能分辨身体各部位。寄生在植物的芽、嫩叶或嫩枝上	吮吸汁液，导致叶片卷缩、皱缩、畸形，花朵发育迟缓，植物甚至枯萎死亡，诱发煤烟病
红蜘蛛	学名叶螨。成螨长0.42～0.52mm，体色变化大，一般为红色，梨形，体背两侧各有黑长斑一块。主要寄生在叶子的背面。	吮吸叶子汁液，叶片失绿，呈现密集细小的灰黄色或斑块，或叶片卷曲、皱缩，严重时整个叶片焦枯发黄，脱落
尺蠖	尺蠖幼虫身体细长，成虫翅大，体细长有短毛，触角丝状或羽状。雌成虫无翅，雄成虫全体灰褐色，前翅有褐色波纹2条。幼虫为害植物叶片、嫩芽、花蕾	在叶片上产卵，专吃嫩叶。嫩叶、芽残缺不全
粉虱	体型微小，成虫虫体淡黄色，翅白色，附有蜡粉，没有斑点，前翅脉一条不分叉，左右翅合拢呈屋脊状，从上方常可看见黄色腹部。多栖息于叶背面上，常发生于通风不好的地方	若虫和成虫刺吸寄主植物汁液，引起叶片萎缩、枯黄，其分泌的蜜露也会引起煤烟病，还可能传递病毒
蜗牛	有甲壳，形状像小螺，颜色多样化；头有四个触角，爬过之处，会留下透明粘液的痕迹。 白天躲在盆土下、盆下出水口地方，常出没于夜间或湿雨天气	主要啃食植株的嫩叶、茎及新芽（咖啡渣可以驱赶蜗牛）

2. 病害防治

黄叶和根系腐烂是水培花卉最常见的病害。

（1）黄叶　黄叶是水培花卉最常见的病害，引起黄叶的原因很多。

① 加入营养液不足，尤其是长期缺乏氮肥，导致枝叶瘦弱，叶薄而黄。适当增加营

养液的氮肥量，即可解决黄叶问题。

② 有些地方水质严重偏碱或偏酸，从而造成营养液中有些元素沉淀，产生缺素症，表现出来叶片逐渐失绿变黄或老叶、叶脉间失绿发黄。对营养液的酸碱度进行调整，对于偏酸的可滴入少量苏打，对于偏碱的适当加入醋酸，然后用pH试纸检测酸碱度，直到调整到合适的酸碱度。

③ 水培花卉我们一般放在室内，喜光花卉若长期放室内光线不足处养护则生长衰弱，叶片变薄而黄，不开花或很少开花，培养这类花卉平时需将其放室内向阳处或半光处。

④ 北方冬季天气寒冷，若此时室温低于10℃，一些喜高温的花卉，如一品红、变叶木、叶子花、孔雀竹竽、花叶万年青等就会受害，引起叶片发黄脱落；如果室温低于5℃，大部分喜温暖畏寒冷的花卉也会受害，叶、花、果发黄，干枯，易脱落。因此，入室后要根据各类花卉对温度的要求调节室内温度。

最后，需要指出的是，水培花卉叶片发黄，机理较复杂，有时是由一种原因引起的，有时是由几种原因造成的。因此发现叶子发黄时要仔细观察对症下药，才能收到良好效果。

（2）根系腐烂　根系腐烂也是水培花卉常遇到的问题，轻者生长减缓，重者全株死亡（图1-14）。

根系腐烂的解决方法：将腐烂根系剪除，对剪口进行消毒，并对栽培容器也进行清洗和消毒，然后重新诱导新根，只有诱导出适应低溶氧量的水培根后，植株才能恢复正常生长。适当增加换水频率也不失为一个理想的解决办法哦！

图1-14　榕树烂根

（3）植株萎蔫　虽然根系浸泡在水中，但全株表现为缺水症状，通常初期枝叶下垂，逐渐变黄最后死亡。造成该病的原因主要是根系生长出现问题，解决方法见“根系腐烂”。

常见病害的识别见表1-4、图1-15。

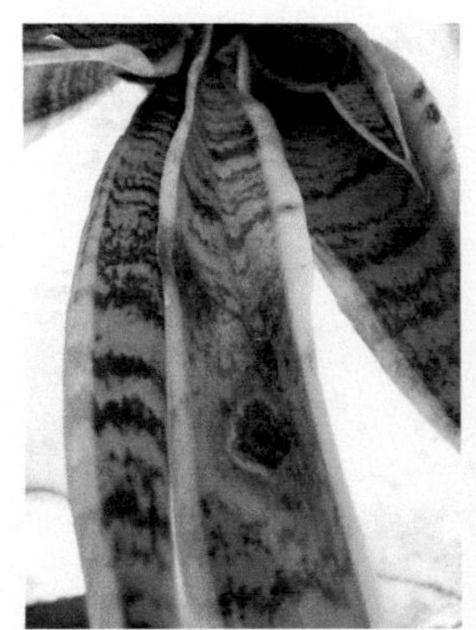

图1-15　常见病害

表1-4　常见病害的识别

常见病害名称	识别特征	危害
炭疽病	病菌可通过伤口侵入直接表现症状,2～3天全果变黑并腐烂,病斑上产生大量橙红色黏状粒点,即病菌分生孢子盘和分生孢子	主要为害未成熟或已成熟的果实,也可为害花、叶、主轴及果身，也可侵染未损伤的绿色果实而潜伏为害
褐玫王病	真菌性病害，下部叶片开始发病，逐渐向上部蔓延，初期为圆形或椭圆形，紫褐色，后期为黑色，直径为5～10mm，界线分明，严重时病斑可连成片，使叶片枯黄脱落，影响开花	造成植株死亡，形成大面积秃斑
根腐病	随着根部腐烂程度的加剧，吸收水分和养分的功能逐渐减弱，地上部分因养分供应不足，新叶首先发黄，在中午前后光照强、蒸发量大时，植株上部叶片才出现萎蔫	整株叶片发黄、枯萎。此时，根皮变褐，并与髓部分离，最后全株死亡

续表

常见病害名称	识别特征	危害
灰霉病	呈白色症状，伴有厚厚的灰色霉层水渍状，植物组织软化腐烂	对植物花、果、茎、叶引起病害，典型的气传病菌，很难清除干净，要加强日常的杀菌预防
软腐病	水渍状淡灰黄色病斑，植物组织黏稠湿腐，烂泥状，有恶臭味，病斑向上、下、左、右扩展蔓延	叶片萎蔫下垂，变青枯，根、茎、叶腐烂
白粉病	初期为黄绿色不规则小病斑，边缘不明显。病斑不断扩大，表面生出白粉斑，最后长出无数黑点。染病部位变成灰色，连片覆盖其表面，边缘不清晰，呈污白色或淡灰白色	叶片皱缩变小，嫩梢扭曲畸形，花芽不开

十、花鱼共养

为了追求作品的和谐美，许多爱好者采用花鱼共养的方式，创造出动态与静态，自然与人工结合的仿生作品，达到了鱼在根间游，根随鱼儿飘的观赏效果。

那么，是不是所有的鱼都可养，所有的营养液都可用呢？也并不是那么简单，对于一些较为难养的鱼，可以不放营养液，只需在植株的定植篮内进行补肥即可，即每隔一段时间，向定植篮的基质中适当浇滴营养液即可。或者一些本身不需营养液的仙人球类植物，因硕大的球体可为根系的生长提供大量的营养，即使不加入任何营养液也可以莳养几年之久。另外，就是营养液中少放或不放铵态氮，通常用硝态氮作为配方的氮源，这样营养液对鱼的影响也会稍小些。

在鱼品种的选择上也有讲究，大空间的容器可养娇贵的金鱼类，而小空间的容器只能养些较好饲养的观赏鲤鱼或热带鱼。

如采用花鱼共养模式，要做到勤换水少投饵，以确保水的透亮与清澈，否则因鱼大

图1-16　花鱼共养（增氧容器）

量外排粪便导致水质混浊恶化，既不能增加美感，又影响了植物的生长。在采用花鱼共养时，鱼千万不能投放太多，一般一个水培容器投放1～3条即可，而且要求是不超过3cm长的小鱼。如果想把两者完美地结合起来，建议在容器内安装增氧设备（图1-16），这样就能真正达到了花与鱼的和谐共处。

观叶类花卉

1 广东万年青

亮丝草、粤万年青、粗肋草、大叶万年青、竹节万年青

天南星科　亮丝草属 *Aglaonema modestum*

水培容易度　★★★★★

光照强度 

产地分布 我国广东、广西、云南和福建有野生分布。

识别要点 多年生常绿草本植物。叶片卵状椭圆形，长10～20cm，浓绿色有光泽。

生态习性 原产于林下沟谷中，喜温暖的环境，怕直射阳光，耐寒，在湿润的环境中生长繁茂。对干旱的环境有极强的适应能力。

水培管理

① 诱导生根：可剪取带叶的茎段直接插在透明玻璃的水瓶里，半个月左右便长出须根来。生根期间不要搬动

水瓶和换水。或者直接将土栽植株脱盆、去土、洗干净根系，将根系2/3浸入自来水的容器中，并加少量多菌灵水溶液防腐消毒，诱导水生根系生长。

② 容器：选择高型玻璃容器。

③ 营养液及管理：水生根系长出后，可适当添加稀释后营养液。春夏秋季5～7天更新1次营养液，冬季15～20天更新1次营养液。广东万年青耐水湿，部分茎段可直接浸没营养液中。

常见问题 水培广东万年青病虫害极少发生，夏季要避免强光直射，以防日烧病，冬季应避免光照不足，以防出现黄叶。水培广东万年青有时发生炭疽病，发病时可用65%代森锌 600～800倍液或 75%百菌清 800倍液防治。

应用与保健 其叶片宽阔光亮，四季翠绿，特别耐阴，可盆栽点缀厅室。全株可入药，清热解毒，消肿止痛。

2 巴西铁

巴西铁树、巴西千年木、香龙血树

百合科　龙血树属 *Dracaena fragrans*

水培容易度　★★★★

光照强度 

产地分布 原产热带地区。

识别要点 常绿乔木，株形整齐，茎干挺拔。叶簇生于茎顶，长40～90cm，宽6～10cm，尖稍钝，弯曲成弓形，有亮黄色或乳白色的条纹；叶缘鲜绿色，且具波浪状起伏，有光泽。

适栽品种类型 目前栽培除青叶巴西铁外，常见园艺品种：'金心巴西铁'（中斑香龙血树），叶片中肋为金黄色黄条纹、两边绿色；'金边巴西铁'（金边香龙血树），叶片边缘呈金黄色纵纹，中央绿色。

生态习性 性喜光照充足、高温、高湿的环境，亦耐阴、耐干燥，在明

亮的散射光和北方居室较干燥的环境中也生长良好。

水培管理

① 容器：选择带有种植杯的玻璃容器即可。

② 诱导发根：截断巴西铁树，保留顶部叶片，下部叶片去除，先晾几天，把茎秆插条1/3浸在水中，3～5天换水1次，并加少量多菌灵水溶液防腐消毒，保持较高的温度，放置于明亮的散射光处，最好使用黑色塑料袋将容器进行遮光处理，可促生根。

③ 营养液及管理：水培初期可适当添加规定浓度1/2的观叶类营养液，7～10天加清水1次，25～30天更新1次营养液，pH5.5～6.0。

④ 营养液开始液位不可过高，浸没根系1/2。

常见问题 在日常养护中，巴西铁茎秆常有天牛等害虫蛀心或咬蚀皮层，造成植株腐心和脱皮致死，一旦发现可用50%敌敌畏800～1000倍液灌注或喷杀；如遇色斑变淡，由于长时间摆放室内光照不足导致，建议将植株移到窗边光线明亮处，切忌阳光暴晒；如遇叶片变短小，主要是营养缺乏导致，建议勤换营养液，适当增加光照。

应用与保健 巴西铁是颇为流行的室内大型盆栽花木，在较宽阔的客厅、书房、起居室内摆放，格调高雅、质朴，并带有南国情调。是一种株形优美、规整、世界著名的新一代室内观叶植物。尤其是高低错落种植的巴西铁，枝叶生长层次分明，含“步步高升”之寓意。叶可止血、活血；花可做镇咳镇痛药；根可做滋养强壮药。

3 龙血树

马骡蔗树、狭叶龙血树、长花龙血树

百合科　龙血树属 *Dracaena angustifolia*

水培容易度　★★★★★

光照强度　

产地分布 原产我国南部及亚洲热带地区，其他种类还有分布于非洲热带地区。

识别要点 盆栽通常在1.5m以下，有时分枝。叶簇生于茎干顶端，长40～90cm，宽6～10cm，弯曲成弓形，叶缘呈波形起伏，尖稍钝，鲜绿色，有光泽。

适栽品种类型 常见栽培的同属植物有德利龙血树、富贵竹、银星龙血树等。

生态习性 性喜高温多湿，喜光，不耐寒，冬季温度约15℃，最低温度5～10℃。

水培管理

① 容器：选择带有种植杯的长筒形

玻璃容器。

② 诱导发根：截断龙血树，保留顶部叶片，下部叶片去除，先晾几天，待伤口干燥后再浸水发根，保持较高的温度，放置于明亮的散射光处，最好使用黑色塑料袋将容器进行遮光处理，3天左右换水1次，一般2周内即可发根。

③ 营养液及管理：水培初期可适当稀一些的观叶类营养液。7～10天加清水1次，夏季20天更换1次营养液，冬季30～60天更新1次营养液，pH5.5～6。

④ 营养液开始液位不可过高，浸没根系1/2～2/3即可。

常见问题 长期将龙血树置于阳台或室内窗台莳养，容易生红蜘蛛。多群集于植株叶片的背面，结网掩体，刺吸液汁。受其危害，叶片退色，叶绿素受到破坏，表面出现密集的小黄点、小黄斑，并逐渐萎缩、黄化、枯萎，严重时脱落，失去应有的观赏价值。防治方法：红蜘蛛经常躲藏在枝条、叶片的背面或者叶片茂密的地方，拉网隐蔽，人工捕捉比较容易；药物防治见基础篇，在喷药的时候要注意叶片背面也要喷到，这样杀除效果更好。

应用与保健 龙血树对光线的适应性较强，在阴暗的室内可连续摆放14～28天，在明亮的室内可以长期栽培欣赏。龙血树株形优美、规整，中小植株可点缀书房和卧室；大中型植株可美化、布置客厅。具有活血化瘀功能，可治疗筋骨疼痛。

4 文竹

云片松、刺天冬、云竹

百合科　天门冬属 *Aspargus plumosus*

水培容易度 

光照强度 

产地分布 原产南非，在我国有广泛栽培。

识别要点 根部稍肉质，茎丛生，伸长的茎呈攀缘状；平常见到绿色的叶其实不是真正的叶，而是叶状枝，真正的叶退化成鳞片状，淡褐色，着生于叶状枝的基部。

生态习性 性喜温暖湿润、半阴环境，通风环境下生长。

水培管理

① 容器：文竹纤细、清雅，应选用小型水培容器，配较小的定植杯。

② 移栽：洗净文竹幼苗根系泥土，用泡沫塑料或岩棉坨挟裹后，塞入定植孔内锚定植株。置于室内有一定漫射光处栽培，2～3周可发新根。

③ 营养液及管理：平时要保持1/2根系浸没营养液中，注意夏季1周左右加1次水，冬季20天左右。当营养液的沉淀物增加时可以更新营养液，一般30～60天左右更新1次。

④ 炎热天气还须经常向叶面喷水，以提高空气湿度。要注意适当遮阳，尤其夏秋季要避免烈日直射，以免叶片枯黄。

常见问题 换水不及时造成根系腐烂，去掉所有腐烂的部分，同时切掉少许健康的组织，放在阴凉的位置2～3天以上，待伤口完全干燥愈合后方可浸水。

应用与保健 文竹是躲避细菌和病毒的防护伞，它含有的植物芳香能分泌出杀灭细菌的气体，清除空气中的细菌和病毒，减少感冒、伤寒的发生，能降低室内二次污染的发生率。文竹在夜间能吸收二氧化碳、二氧化硫等有害物质。适合放在卧室、书房、办公室里。另外，文竹还有很高的药用价值，挖取它的肉质根洗净晒干，新鲜的也可直接用，有止咳润肺、凉血解毒之功效。

5 朱蕉

红竹、红叶铁树、千年木

百合科　朱蕉属 *Cordvline fruticosa*

水培容易度 

光照强度 

产地分布 原产我国热带地区和印度，太平洋热带岛屿也有分布。

形态特征 常绿灌木，叶鞘箭状，斜向生长，略弯曲，聚生顶端，叶具乳黄、浅绿色条斑，叶缘具红、粉色等条斑。圆锥花序，小花白色。

适栽品种类型 同属常见栽培品种还有亮叶朱蕉、锦朱蕉、夏威夷小朱蕉、双色朱蕉、娃娃朱蕉。

生态习性 性喜温暖湿润，喜光也耐阴，但不耐寒，冬季室内须保持10℃以上才能越冬。朱蕉能忍耐黑暗状态15天，储运时应保持温度16～18℃，相对湿度80%～90%。

水培管理

① 容器：朱蕉茎秆直立，盆具应较敦实才不至于头重脚轻。盆钵直径以株高1/5为宜。

② 洗净植株根系泥土，以海绵等柔软之物挟裹根际，置入定植杯里，再将定植杯置入容器口部，使根系的2/3

浸入营养液。

③ 营养液：选用观叶营养液的1/3～1/2浓度，pH5.8。营养液浸没根系2/3。每15～25天更换1次营养液。

④ 夏季需适当遮阳以避免叶片枯黄，其他季节需要光照。经常往叶片喷水，有利于茎叶繁茂，叶片鲜艳。为保持叶片的鲜艳彩纹，营养液的成分以磷、钾为主，氮素宜偏少。

常见问题 在气候炎热、干燥情况下，朱蕉常发生介壳虫或红蜘蛛为害，应注意喷药防治。

应用与保健 朱蕉株形美观，色彩华丽高雅，盆栽适用于室内装饰。盆栽幼株，点缀客室和窗台，优雅别致。成片摆放会场、公共场所、厅室出入处，端庄整齐、清新悦目。数盆摆设橱窗、茶室，更显典雅豪华。我国广西民间曾用来治咯血、尿血、菌痢等症。

6 春羽

羽裂喜林芋、羽裂蔓绿绒

天南星科　喜林芋属 *Philodendron sell-oum*

水培容易度　★★★★

光照强度　

产地分布 原产巴西、巴拉圭等地。

识别要点 多年生草本。株高可及1m，茎上有明显叶痕及电线状的气根。呈卵状心脏形，长60cm，宽40cm，全叶羽状深裂，呈革质。实生幼年期的叶片较薄，呈三角形，随生长发生的叶片逐渐变大，羽裂缺刻愈多且愈深。

生态习性 较耐阴。是本属中较耐寒的一种，生长适温18～25℃，冬季能耐2℃低温，但以5℃以上为好。

水培管理

① 直接将土栽植株脱盆，去土，洗

干净根系，将根系全部浸入自来水的容器中，并加少量多菌灵水溶液防腐消毒，诱导水生根系生长。

② 营养液管理：选用观叶营养液，15天更新1次营养液；营养液浸没根系的全部。

③ 光照：在室内宜放置在窗户附近。

④ 高温干燥时，还应向植株喷水增湿、降温。

常见问题 常见叶斑病和介壳虫危害。叶斑病用达克宁、皮康王软膏涂抹。介壳虫可用牙刷蘸肥皂水刷除。

应用与保健 春羽叶态奇特，十分耐阴，适合室内厅堂摆设。

7 ‘小天使’蔓绿绒

仙羽蔓绿绒、奥利多蔓绿绒

天南星科　喜林芋属 *Philodendron* cv.Xanadu

水培容易度　★★★★

光照强度 

产地分布 原产南美洲。

识别要点 叶片手掌形，肥厚，呈羽状浅裂，有光泽；叶柄长而粗壮，气生根极发达粗壮。

生态习性 喜温暖湿润半阴环境，畏严寒，忌强光。

水培管理

① 生长期内，将顶端第一片叶带1～2条气生根切下，浸入水中，10天左右发出新根。

② 营养液管理：选用观叶营养液15天更新1次营养液；营养液深度可浸没根系的全部。

③ 光照：在室内盆养，宜放置在光线较强的窗户附近。

④ 高温干燥时，还应向植株喷水湿、降温。

常见问题 常见叶斑病危害。叶斑病用50%多菌灵1000倍液喷洒防治。

应用与保健 叶态奇特，十分耐阴，适合室内厅堂摆设，特别适宜装饰音乐茶座、宾馆休息室。

8 百合竹

短叶朱蕉、富贵竹

百合科　龙血树属 *Dracaena reflexa*

水培容易度　★★★

光照强度 

产地分布 原产马达加斯加。

识别要点 多年生长绿灌木或小乔木。叶线形或披针形，全缘，浓绿有光泽，松散成簇。

适栽品种类型

① 黄边百合竹，也叫金边富贵竹、斑叶反折密叶龙血树、黄边短叶竹蕉、黄边短叶朱蕉、金边曲叶龙血树。叶片披针形或阔线形，长10～20cm，宽2～3cm，略扭曲，并向下弯曲，浓绿色，叶缘乳黄色至金黄色。

② 中黄百合竹，又名金心曲叶龙血树，叶披针形，叶片不卷曲，略向下垂弯，浓绿色，在叶片中间镶有金黄色条斑。

生态习性 性喜光照充足、高温、高湿的环境，亦耐阴、耐干燥，在明亮的散射光和北方居室较干燥的环境中，也生长良好。

水培管理

① 容器：选择带有托盘的玻璃容器即可。

② 诱导发根：入瓶前要将插条基部叶片除去，并用利刀将基部切成斜口，刀口要平滑，以增大对水分和养分的吸收面积。3～4天换1次清水，可放入几块小木炭防腐，10天内

不要移动位置和改变方向，15天左右即可长出银白色须根。

③ 营养液及管理：生根后不宜换水，水分蒸发后及时加水。水培初期可适当加稀一些的观叶类营养液。7～10天加清水1次，夏季25天左右更新1次营养液，冬季30～50天更新1次。营养液开始液位不可过高，浸没根系1/2～2/3即可。

常见问题 常见病害为烂根和烂叶，主要原因是根系浸没在营养液中时间过长，得不到呼吸，导致烂根。解决方法是将植株取出，剪除腐烂部分，用甲基托布津800倍液浸泡后，置于空气中将伤口晾干，重新诱导新根。

应用与保健 此类植物叶片潇洒飘逸，叶色殊雅，耐阴性好，为室内观叶佳品，极受人们喜爱。可陈设于客厅、卧室等处。

9 鹅掌柴

小叶手树、鸭脚木、放射鹅掌柴、遮树

五加科　鹅掌柴属 *Schefflera octophylla*

水培容易度　★★★

光照强度 

产地分布 原产南洋群岛一带。

识别要点 常绿乔木。小枝幼时密被星状毛。掌状复叶互生，小叶6～11枚，椭圆形或倒卵状椭圆形，全缘。圆锥花序顶生。

生态习性 对温度的要求不严，性喜温暖湿润的生长环境，生长适温为15～30℃，要求生长环境的空气相对湿度在50%～70%，空气相对湿度过低时下部叶片黄化、脱落，上部叶片无光泽。对光线适应能力较强。

水培管理

① 容器：因鹅掌柴植株叶片掌状、较大，宜选用稳定性较好的圆形、方形玻璃容器。

② 移栽：将土栽植株脱盆、去土、洗干净根系，将部分须根剪除，然后将根系穿过枯落物盘浸入装自来水的容器中，并加少量多菌灵水溶液防腐消毒，诱导水生根系生长。上部用陶粒或石砾固定植株。

③ 营养液及管理：水生根系长出后，可适当添加稀释后营养液。夏天4～5天加水1次，冬季10～20天加清水1次，20～30天更新1次营养液，pH5.5。

④ 营养液开始液位不可过高，浸没根系1/3～1/2即可。

常见问题 鹅掌柴的病害较少，虫害主要有红蜘蛛、介壳虫。取紫皮大蒜250g，加水浸泡30min，捣烂取汁，加水稀释10倍左右立即喷洒，或者取红的干辣椒50g，加清水1000g煮沸15min，过滤后取其上清液喷洒，防治红蜘蛛；用大葱、韭菜、姜、洋葱以及桃叶、蓖麻籽、银杏叶、车前草、曼陀罗等切碎捣烂，加水若干浸泡后，喷洒或施入土中防治介壳虫，介壳虫也可通过擦拭、刷除，进行绿色环保防治。

应用与保健 室内养护时，尽量放在有明亮光线的地方，如采光好的客厅、卧室、书房等场所。根皮可治酒病，敷跌打骨折，舒筋活络，清肠胃酒湿积滞。

10 富贵竹

竹蕉、万年竹

百合科　龙血树属 *Disporum cautonienses*

水培容易度　★★★★★

光照强度　

产地分布 原产非洲热带地区。

识别要点 常绿直立灌木，茎、叶似竹，多为绿色。

适栽品种类型 栽培品种和变种较多，如金边富贵竹、银边富贵竹。

生态习性 喜温暖环境，生长最适温度18～24℃。低于13℃生长停止进入休眠，越冬最低温度10℃以上；极耐阴，在弱光下仍能生长健壮，非常适合居室养护观赏。

水培管理

① 容器：因富贵竹茎秆笔直，容器选细口瓶（单枝插）或口径15cm左右的无底孔容器。

② 诱导新根：入瓶前要将插条基部叶片除去，并用利刀将基部切成斜口，刀口要平滑。每3～4天，换1次清水，可放入几块小木炭防腐，10天内不要移动位置和改变方向，15天左右即可长出须根。

③ 水分管理：生根及时加水，加的水最好是用井水，用自来水要先用器皿储存1天，水要保持清洁、新鲜，不能用硬水或混有

银边富贵竹

金边富贵竹

油质的水，否则容易烂根。

④ 营养液处理：水养富贵竹最好每隔3周左右向瓶内加少量营养液，也可用500g水溶解碾成粉末的阿司匹林半片或维生素C一片，加水时滴入几滴，能使叶片保持翠绿。夏季应适当降低营养液浓度至原配方的1/6～1/5，7天左右更新1次，冬季可酌情延长营养液更换时间。营养液应浸没根系的3/4，冬季可至1/2。

常见问题 养护中如有烂茎、烂根，应及时剔除，并用75%百菌清1000倍水溶液浸泡根部30min，用清水冲洗后继续水养。如植株已很衰弱，应土栽复壮。

应用与保健 富贵竹茎叶纤秀，柔美优雅，富有竹韵，观赏价值很高，适合于人工编制作小型盆栽种植，用于布置书房、客厅、卧室等处，可置于案头、茶几和台面上，显得富贵典雅，玲珑别致，耐欣赏。

温馨提示

① 不要将富贵竹摆放在电视机旁或空调机、电风扇常吹到的地方，以免叶尖及叶缘干枯。

② 北方购买富贵竹在春季较好，买回后即进入适宜生长期。冬季有供暖设施的也可在年节前购买。水养各种造型的，要选茎秆粗细均匀、造型优美、基部及根系无腐烂的植株。开运竹（富贵塔）是将富贵竹的叶片去除，选取中间大小比较均匀的一段经过人工捆扎做成一层层宝塔状而成。在选购时，应选芽苞整齐、造型美观的作品。

11 吊兰

桂兰、挂兰、折鹤兰

百合科　吊兰属 *Chlorophytum comosum*

水培容易度　★★★

光照强度 

产地分布 原产非洲。

识别要点 匍匐茎先端节上常滋生带根的小植株。花茎细长，从叶腋抽出，弯垂，花后变成匍匐茎，顶部节上簇生条形叶丛。

适栽品种类型 同属植物200余种。常见的栽培品种有金心吊兰、银边吊兰、金边吊兰。

生态习性 性喜温暖、潮湿、充分光照和半阴，夏季忌阳光直射。温度在15～25℃时生长迅速，冬季不低于5℃能安全越冬。

水培管理

① 容器：吊兰对水培容器要求不

高。无底孔容器均可适用，也可根据个人的审美情趣选用容器。

② 移栽：选择已萌发出长约1cm气生根的小叶丛，从匍匐茎处切下，用5cm × 5cm × 5cm的泡沫塑料或岩棉坨挟裹后植入定植杯中，也可直接将小幼株根尖浸入具有营养液的容器中，让其自然生长。

③ 营养液及管理：可选用园试营养液标准浓度的1/4～1/3。水培初期可适当稀一些。吊兰茎短根壮，叶片细狭但数量较多，尤其是晴朗的天气，耗营养液较多，要适时加添。为防止养分积聚，建议每7天加清水1次，30～60天更新1次营养液，pH6～7。

④ 营养液开始液位可高些，能浸没气生根。随着根系的伸长并在粗壮的主根上长出肉质须根后，可适当降低液位，浸没根系2/3即可。

常见问题 吊兰不易发生病虫害，但如根系浸水过深，会导致烂根，应注意控制根系浸泡深度。

应用与保健 吊兰是最为传统的居室垂挂植物之一。它叶片细长柔软，从叶腋中抽生的走茎长有小植株，由盆沿向下垂，舒展散垂，似花朵，四季常绿；它既刚且柔，形似展翅跳跃的仙鹤，故古有“折鹤兰”之称。总之，它那特殊的外形构成了独特的悬挂景观和立体美感，可起到别致的点缀效果。可化痰止咳；散瘀消肿；清热解毒。

温馨提示 吊兰有“绿色净化器”的美称，它能吸收空气中85%的甲醛。在8～10m^{2}的房间内放一盆吊兰就相当于设置了一台空气净化器，可以在24h内去除房间里80%的有害物质。能吸收空气中95%的一氧化碳，能将火炉、电器、塑料制品散发的一氧化碳、过氧化氮吸收殆尽。还可以吸收空气中的苯乙烯等致癌物质，有效分解苯，吸收香烟烟雾中的尼古丁等比较稳定的有害物质。

12 白鹤芋

苞叶芋、白掌

天南星科　白鹤芋属 *Spathiphyllum connifolium*

水培容易度　★★★

光照强度 

产地分布 原产哥伦比亚。

识别要点 多年生常绿草本植物。无茎或茎甚短，植株较高大，高可达35cm，叶片倒卵形至椭圆形，长20～30cm；佛焰苞披针形，长可达25cm，外面绿色，里面白色，花茎长60cm或更长。

适栽品种类型 常见栽培的原种有银苞芋；原产热带美洲。形态上与白鹤芋基本相同，唯叶片较宽，花茎与叶丛等高。市场上把二者通称为白鹤芋。

生态习性 喜温暖、湿润、半阴的环境；耐阴性强，忌强光直射。耐寒

性差，越冬温度应在14～16℃。

水培管理

① 白鹤芋株形中等，生长健壮，定植杯以固体基质或海绵挟裹。

② 营养液：生长期间每15天更新1次营养液。

③ 夏季需放于适当遮阳处，避免直射阳光，散射光较好。但如长期荫蔽，不易形成花芽。

④ 冬季室温应保持15℃以上。低于10℃，则叶片脱落或呈焦黄状。

⑤ 经常向叶面喷水，空气相对湿度保持在50%以上。

常见问题 常见细菌性叶斑病、褐斑病和炭疽病危害叶片，可用50%多菌灵可湿性粉剂500倍液喷洒。另有根腐病和茎腐病发生，除注意通风和减少湿度外，用75%百菌清可湿性粉剂800倍液防治。

应用与保健 白鹤芋适应性极强，在室内只要一个适合摆放的角落即可。据美国太空总署研究表明：白鹤芋净化室内空气的功能排在前十名，是优良的室内观赏植物。白鹤芋叶片翠绿，佛焰苞洁白，非常清新幽雅，是世界重要的观花和观叶植物。

13 合果芋

长柄合果芋、箭叶芋、尖头藤、紫梗芋

天南星科　合果芋属 *Syngonium podophyllum*

水培容易度　★★★★★

光照强度 

产地分布 原产于热带美洲和西印度群岛的热带雨林中。现世界各地广泛栽培。

识别要点 多年生常绿草本植物。成年植株叶片3～9掌状裂，深绿色，较厚，常生有各种白色斑纹，花肉穗花序，佛焰苞内白或玫瑰红色，秋季开花。

适栽品种类型 该属常见品种有‘红美人’合果芋、‘金童’合果芋、‘白纹’合果芋、‘箭头叶’合果芋、‘翠玉’合果芋、‘白蝶’合果芋。

‘金童’合果芋

生态习性 喜高温多湿的半阴环境。不耐寒，生长适温20～28℃，冬季室温保持15℃以上可正常生长，低于10℃叶片出现枯黄脱落，越冬最低温度5℃。要求较高的空气湿度。

水培管理

① 容器：选用厚实、瓷质、无底孔、直径为15cm以上容器为宜；固定基质可用陶粒等。

② 移栽：洗净根系以锚定介质挟裹后插入定植杯（孔）锚定。

③ 营养液及管理：选用观叶营养液配方，45～60天更换1次；营养液深度为根系的4/5，不能低于根系的1/3。

④ 光的适应幅度很宽，从全光照到阴暗的角落都能生长。以光线明亮处生长良好，斑叶品种光照不足时，则色斑不明显。

常见问题 常见叶斑病和灰霉病危害，用达克宁、皮康王软膏涂抹，疗效极佳。虫害有粉虱、蚜虫和蓟马危害茎叶，将蚊香浸泡24h，取浸泡液喷洒在虫体上，效果极佳；也可将蚊香点燃后挂在植株上，用塑料薄膜罩住密封10min左右。

应用与保健 主要用作室内观叶盆栽，可悬垂、吊挂及水养，又可作壁挂装饰。大盆支柱式栽培可供厅堂摆设，在温暖地区室外半阴处，可作篱架及边角、背景、攀墙和铺地材料。

‘白蝶’合果芋

‘红美人’合果芋

14 石菖蒲

山菖蒲、药菖蒲、金钱蒲

天南星科　菖蒲属 *Acorus gramineusr*

水培容易度　★★★★★

光照强度 

产地分布 分布于我国长江以南各地及西藏，日本亦有。

识别要点 株高30～40cm，全株具香气。叶剑状条形，两列状密生于短茎上4～5月开花，花小而密生，花绿色，无观赏价值。

适栽品种类型 本种有一个变种金边石菖蒲（*A.gramieneus* 'varieata'），又称金线石菖蒲或斑叶石菖蒲，叶片和叶缘上有乳白色纵斑，观赏价值更高，原产我国和日本。

生态习性 喜阴湿环境，在郁密度较大的树下也能生长，但不耐阳光暴晒，否则叶片会变黄。不耐干旱，稍耐寒，在长江流域可露地生长。

水培管理

① 容器：选择直径15～20cm的广口容器。

② 移栽：洗净根系，以海绵挟裹锚定于定植杯中。

③ 营养液及管理：选用观叶营养液15天更新1次营养液；营养液深度可浸没全部根系。

常见问题 本种适应性强，少见病虫害。

应用与保健 叶丛翠绿有光泽，有香味，特别耐阴湿。盆栽点缀书桌、案头十分相宜。在园林中常作花坛、花径的镶边材料或空旷地的地被植物。可化湿开胃，治癫痫、心胸烦闷、胃痛、腹痛、风寒湿痹、跌打损伤。

15 观音莲

黑叶观音芋、美叶芋

天南星科　海芋属*Alocasia amazonica*

水培容易度　★★★★

光照强度　

产地分布 原产于亚洲热带。

识别要点 茎短缩。叶片4～6枚，箭形盾状，叶脉银白色，主脉三叉状，至叶缘又分出5～7对羽状侧脉。

生态习性 喜温湿润、半阴的生长环境，生长适温为20～30℃，越冬温度为15℃。

水培管理

① 将观音莲植株脱盆，抖去绝大部分宿土，洗净根部，以岩棉、陶粒锚定植株，定植于瓶中，根系2/3浸末水中，保持空气相对湿度70%左右，10天后可生新根。

② 植株较小，选用中小型容器，盆

具选用与植株大小成比例（株高的1/3左右）的盆具。

③ 选用观叶植物营养液配方，7～15天更换1次。根系浸没2/3～3/4即可。

④ 生长期内要经常向叶面和叶背喷水，气温低时应控制喷水量。

⑤ 以明亮的散射光下生长最好，叶色鲜明更美。

常见问题 湿度大，温度低，块茎极易腐烂，冬季降低水位可避免块茎腐烂。

应用与保健 观音莲株形紧凑直挺，叶片宽厚并富有特殊的金属光泽；叶脉清晰如画，极富诗情画意，为风格独特的观叶植物，也是近年来流行于海内外的观叶植物之一。它可以中小盆种植，用来布置书房、客厅、卧室和办公室等处，显得高贵典雅。全株可药用，治毒蛇咬伤要药，能清热解毒、消肿镇痛。福建用全草治秃发病。

16 黄金葛

绿萝、石柑子、抽叶藤

天南星科　藤芋属 *Scindapsus aureus*

水培容易度　★★★★★

光照强度　

产地分布 原产东南亚及南太平洋诸岛。

识别要点 有气生根，能攀附树干、墙壁等处生长。叶革质，往上生长的茎叶越大，向下垂悬的茎叶则变小；叶正面有光泽，具浅黄色斑点及条纹。

适栽品种类型 黄金葛在我国引进栽培较早，南方栽培也较多，目前常见栽培的还有如下品种。

① 金葛，叶片上有黄色的斑点和条纹，较美丽。

② 银葛，叶片上的斑点和纹呈粉白色，在嫩叶上粉白色的斑点和纹更多。由于叶上的叶绿素较少，生长较弱。

③ 黄葛，叶片淡黄绿色，上面也没有斑点和斑纹，引进较迟。

④ 三色绿萝，叶鲜绿色，带有黄色和乳白色的斑块，十分美丽。

金葛

⑤ 翠藤，叶片绿色，上面没有其他颜色的斑点和条纹。

生态习性 喜温暖湿润的气候，喜半阴光照及肥沃疏松的土壤，生长适温18～25℃，越冬温度10℃以上。对光照反应敏感，怕强光直射。

水培管理

① 诱导生根：可剪取带叶的茎段插在透明玻璃的水瓶里，半个月左右即可长出洁白如玉的须根。既可观叶亦能赏根，也可将绿萝苗以自来水洗净泥土，将根舒展，让其从上层盆底孔穿过。上盆装入陶粒，庇荫过渡7天以后可置阳光下，保持空气相对湿度60%左右，过渡14天以后可逐渐适应摆设环境的小气候。

② 容器：选用直径17～25cm的中高形玻璃、瓷质或塑料容器。

③ 选用观叶植物营养液浓度1/3～1/2，pH5.5～6.8。每30～45天更换1次营养液。在种植绿萝的盆具周缘架支柱，供其攀缘，也可让其枝叶悬垂于盆边。

常见问题 主要有叶斑病。叶斑病应用达克宁、皮康王软膏涂抹。

应用与保健 黄金葛叶片金绿相间，叶色艳丽悦目，株条悬挂下垂，富于生机，可作柱式或挂壁式栽培，家庭可陈设于几架、台案等处，而且相当耐阴，是浴室植物的绝佳选择。还可作插花衬材或吊盆栽植观赏。可治疗跌打损伤、淤青肿痛等外伤。

17 黛粉叶万年青

黛粉万年青、花叶万年青、银斑万年青

天南星科　花叶万年青属 *Dieffenbachia amoena*

水培容易度　★★★★

光照强度 

产地分布 原产巴西和南美、中美的热带地区。

识别要点 多年生草本，茎直立，不分枝而有明显之茎节，叶大型，长椭圆形至卵状椭圆形，全缘，叶柄基部呈鞘状，佛焰苞常呈长圆状披针形，肉穗花序较佛焰苞略短。

适栽品种类型 常见有‘喷雪’黛粉叶、‘绿玉’黛粉叶、‘白玉’黛粉叶、‘大王’黛粉叶、‘维苏威’黛粉叶、‘斑马’黛粉叶。

‘白玉’黛粉叶

生态习性 生长适温为25～30℃，白天温度在30℃，晚间温度在25℃。可生长范围，2月至9月为18～30℃，9月至翌年2月为13～18℃。冬季温度不低于10℃，否则叶片易受冻害，喜欢环境湿度80%，耐阴怕晒。

水培管理

① 可剪取带叶的茎段插在透明玻璃的水瓶里，以建筑装饰用的白米石将其固定，半个月左右便可见其长出洁白如玉的须根来，既

‘维苏威’黛粉叶

‘斑马’黛粉叶

可观叶亦能赏根。也可洗净根部，以岩棉、陶粒锚定植株，定植于瓶中，根系浸末水中，保持空气相对湿度70%左右，10天后可生根。

② 盆具选用与植株大小成比例（株高的1/3左右）。

③ 选用观叶植物营养液配方，7～15天更换1次。

④ 生长期内要经常向叶面和叶背喷水，气温低时应控制喷水量。夏天置阴凉避风处，以免风吹伤叶，冬天5℃左右越冬。

⑤ 以明亮的散射光下生长最好，叶色鲜明更美。

常见问题 主要有细菌性叶斑病、褐斑病和炭疽病危害，可用达克宁、皮康王软膏涂抹。有时发生根腐病和茎腐病危害，除注意通风和减少湿度外，可用75%百菌清可湿性粉剂800倍液喷洒防治。叶柄鞘部容易滋生介壳虫，应经常检查，及时除去。高温干燥宜发生红蜘蛛为害。

应用与保健 黛粉叶叶片大，点缀客厅、书房，十分幽雅。用它摆放光度较低的公共场所，黛粉叶仍然生长正常，碧叶青青，枝繁叶茂，充满生机，特别适合在现代建筑中配置。可清热解毒。

18 尖尾芋

台湾姑婆芋、老虎芋、卜芥、大麻芋、观音莲、假海芋

天南星科　海芋属 *Alocasia cucullate*

水培容易度　★★★★★

光照强度 

产地分布 分布于浙江、福建、广东等地；东南亚一些国家也有。

识别要点 叶通常丛生，叶片小，心脏形，叶端长尖，叶面浓绿光亮，叶柄基部扩大成宽鞘。

生态习性 耐旱、耐阴，性喜高温多湿。

水培管理

① 可剪取带叶的茎段插在透明玻璃的水瓶里，用苔藓或小石子将其固定，半个月左右便可见其长出洁白如玉的

须根来。

② 容器：因茎段直立粗壮，选择较高型容器。

③ 营养液及管理：水生根系长出后，可适当添加稀释后营养液。7～10天加清水1次，20～30天更新1次营养液。尖尾芋较耐水湿，根系可直接浸没营养液中。

常见问题 常有细菌性叶斑病和炭疽病危害，可定期喷洒波尔多液防治。

应用与保健 根茎肥大，风格独具，耐旱耐阴，生命力强，为高级的室内观叶植物。该种全株药用，能清热解毒、消肿镇痛。

19 白柄粗肋草

白雪公主

天南星科　花叶万年青属 *Aglaonema commutatum*

水培容易度　★★★★★

光照强度　

产地分布 原产热带非洲及菲律宾、马来西亚。

识别要点 叶长椭圆形、全缘，叶柄、中脉白色。

生态习性 耐半阴，忌日光过分强烈，但光线过暗，也会导致叶片退色。喜水湿，3～8月生长期要多浇水。夏季需经常洒水，增加环境湿度。喜高温，不耐寒，生长适温20～30℃。最低越冬温度在12℃以上。

水培管理

① 诱导生根：将土栽植株脱盆、去土，洗干净根系，将根系2/3浸入自来水的容器中，并加少量多菌灵水溶液防腐消毒，诱导水生根系生长。

② 容器：选择高型玻璃容器。

③ 营养液及管理：水生根系长出后，可适当添加稀释后营养液。7～10天加清水1次，20～30天更新1次营养液。白柄粗肋草较耐水湿，根系可直接浸没营养液中。

常见问题 常有细菌性叶斑病和炭疽病危害，可定期喷洒波尔多液防治。

应用与保健 一般都以盆栽，作优美典雅的室内观叶植物，具有很高的观赏价值。

温馨提示 全株有毒，不可误食，误食会引起口舌发炎、胃痛、腹泻等，应立即到医院诊治。

20 澳洲杉

异叶南洋杉、诺福克南洋杉、细叶南洋杉

南洋杉科　南洋杉属 *Araucaria heterophylla*

水培容易度　★★★

光照强度　

产地分布 原产大洋洲诺福克岛以及东北部各岛。

识别要点 常绿，树高达50m，树皮暗灰色裂成薄片。叶钻形，上弯。

生态习性 产于热带地区，喜高温高湿环境，喜阳光充足的环境，稍耐半阴，不能长期摆放于荫蔽处。夏季高温期需要避开强烈的光照，光照不足容易徒长，失去较好的株形。

水培管理

① 容器：因澳洲杉植株大型、枝叶浓密、较大，宜选用稳定性较好的大型玻璃容器。

② 移栽：将土栽植株脱盆、去土，洗干净根系，将部分须根剪除，然后将根系穿过枯落物盘浸入装自来

水的容器中，并加少量多菌灵水溶液防腐消毒，诱导水生根系生长。上部用陶粒或石砾固定植株。

③ 营养液及管理：水生根系长出后，可适当添加稀释后营养液。夏天4～5天加水1次，冬季10～20天加清水1次，20～30天更新1次营养液，pH5.5。

④ 营养液开始液位不可过高，浸没根系1/3～1/2即可。

常见问题 病虫害较少，生长强健。

应用与保健 著名的观赏树木，生长十分健壮，没有虫害，干湿都不怕。增加人们的生活乐趣，陶冶情操，补充氧气，能吸收有害气体。建议摆放在室内光照较强位置。

21 袖珍椰子

矮生椰子、玲珑椰子、袖珍椰子葵

棕榈科　袖珍椰子属 *Chamaedorea elegans*

水培容易度　★★

光照强度

产地分布 原产墨西哥北部及危地马拉。

识别要点 常见的栽培植株高30～60cm，茎秆细长，叶从茎顶部生出，深绿色。

生态习性 喜温暖湿润的半阴环境。不耐寒，怕强光直射，耐干旱。生长适温3～9月为18～24℃，9月至翌年3月为13～18℃，冬季温度不低于10℃。喜微酸性环境。

水培管理

① 洗净根系泥土，植入种植杯内，拥塞陶粒、岩棉等基质。或者直接将根系1/2浸泡在滴加多菌灵的自来水中，大

约25天萌发新根。

② 选用观叶植物营养液，pH5.8～6.5，15天更换1次营养液。5～9月为生长期，置于散射光的荫蔽地养护。夏季生长旺盛，及时补充水分，并多喷水，清除旁生枯萎枝叶。随时剪除枯叶和断叶，保持植株清新悦目。

常见问题 袖珍椰子在高温高湿下，易发生社褐斑病。如发现褐斑病，应及时用800～1000倍托布津或百菌灵清防治。在空气干燥、通风不良时也易发生介壳虫虫害。如发现介壳虫，可用人工刮除外，还可用800～1000倍氧化乐果喷洒防治。

应用与保健 性耐阴，故十分适宜作室内中小型盆栽，装饰客厅、书房、会议室、宾馆服务台等环境，可使室内增添热带风光的气氛和韵味。置于房间拐角处或置于茶几上均可为室内增添生意盎然的气息，使室内呈现迷人的热带风光。椰油，经常使用可以保健、美容；果肉可以食用。

22 彩叶草

老来少、五色草、锦紫苏 、洋紫苏

唇形科　鞘蕊花属 *Coleus blumei*

水培容易度　★★★

光照强度　

产地分布 原产于热带地区。

识别要点 栽培苗多控制在30cm以下。全株有毛，叶可长15cm，叶面绿色，有淡黄、桃红、朱红、紫等色彩鲜艳的斑纹。顶生总状花序、花小、浅蓝色或浅紫色。常见的种类：五色彩叶草（*C. blumei* var.verschaffeltii），叶片上有淡黄、桃红、朱红、暗红等色斑纹；从生彩叶草（*C.thyrsoideus*），亚灌木，株高80～100cm，叶鲜绿色，呈心脏状卵形。缘具粗锯齿。花亮蓝色，轮伞花序，着花3～10朵，呈穗状排列。花期11～12月。

生态习性 喜温性植物，适应性强，冬季温度不低于10℃，夏季高温

时稍加遮阴，喜充足阳光，光线充足能使叶色鲜艳。

水培管理

① 容器准备：扦插容器可以是广口瓶，也可用矿泉水瓶剪掉上部，取下部注满清水备用。容器务必要干净，用水也一定要水质清洁。

② 剪取插穗：当主枝或经过摘心的侧枝长有4个节或长10cm左右时，挑选茎秆粗壮者，基部仅留1～2节的对生叶片，将上部剪下，剪口要平滑，没有挤压撕裂的伤口。然后，将枝条最下部的一对叶片剪掉，并且每3～5个插穗集中，整齐基部，用白线捆束在一起水插。

③ 水插管理：一般以枝条自瓶口入水3～4cm最好。此后，置之于散射光处摆放，注意每2～3天换1次清水，并注意每天补足瓶内因蒸发而下降的水位。一般在18～25℃条件下，7～10天就可见生有白根了。

④ 生根后可加入观叶型营养液，浓度为标准浓度的1/3，每隔5～7天逐步增加营养液浓度至标准浓度。

常见问题 生长期有叶斑病危害，用50%托布津可湿性粉剂500倍液喷洒。室内栽培时，易发生介壳虫、红蜘蛛和白粉虱危害，防治见基础篇病虫害防治。

应用与保健 室内摆设多为中小型盆栽，选择颜色浅淡、质地光滑的套盆以衬托彩叶草华美的叶色。为使株形美丽，常将未开的花序剪掉，置于矮几和窗台上欣赏。庭院栽培可作花坛，或植物镶边。还可将数盆彩叶草组成图案布置会场、剧院前厅，花团锦簇。可清热，消炎，消积，利湿，解毒，化痰止咳。

23 常春藤

洋常春藤

五加科　常春藤属 *Hedera nepalensis*

水培容易度　

光照强度　

产地分布 产于我国秦岭以南各地。

识别要点 常绿攀缘藤本。茎具气根。营养枝上的叶三角状卵形，花枝上的叶卵形至菱形。花小，淡绿白色，有微香，花期9～11月。

适栽品种类型 市场上常见的栽培品种有银叶常春藤、美斑常春藤、金容常春藤、卷叶常春藤、雪玉常春藤等。同属栽培的有：①加那利常春藤（*H.canariensis*），别名阿尔及利亚常春藤、爱尔兰常春藤，茎具星状毛，茎及叶柄为棕红色，叶片为常春藤属最大的品种，一般幼叶卵形，成叶卵状披针形，全缘或掌状3～7浅裂，革质，基部心形，叶面常具有黄白、绿等各色花斑；②西洋常春藤（*H.helix*），别名欧洲常春藤、英国常春藤，茎红褐色，叶片呈3～5裂，心脏形，叶面暗绿色，叶背黄绿色，叶片全缘或浅裂。叶色、叶形变化丰富。

生态习性 极耐阴，也能生长在全光照环境中。能耐短暂-5～-7℃低温。对土壤要求不严，喜温暖，湿润，疏松、肥沃的土壤。

水培管理

① 容器：因常春藤枝蔓细长，宜选用高形玻璃容器。

② 移栽：将土栽植株脱盆、去土，洗干净根系，直接将根系浸入自来水的容器中，并加少量多菌灵水溶液防腐消毒，诱导水生根系生长。

③ 营养液及管理：水生根系长出后，可适当添加稀释后营养液。常春藤夏天4～5天加水1次，冬季10～20天加清水1次，20～30天更新1次营养液，pH5.5。

④ 营养液开始液位不可过高，浸没根系1/3～1/2即可。

常见问题 易得叶斑病，起初只是米粒大的黄色小斑点，后期蔓延形成圆形或不规则的病斑，用800倍多菌灵液进行叶面喷雾，隔10～15天1次即可。

应用与保健 是室内盆栽的重要观叶植物。可作悬垂植物放在高脚花架、书柜顶部或悬吊在窗前；也可小盆栽植，放在书桌、茶几等处；还可以竖以支架做成图腾柱。可以吸收甲醛，消除二甲苯等。可祛风利湿，活血消肿，平肝，解毒。

温馨提示 光照过强或湿度不够，叶缘容易枯焦，应将其摆放在室内光照充足处，经常对叶片喷水可避免叶片枯焦的发生。

24 酒瓶兰

象腿树

龙舌兰科　酒瓶兰属 *Nolina recurvata*

水培容易度 

光照强度 

产地分布 原产墨西哥西北部干旱地区。

识别要点 茎干苍劲，基部膨大如酒瓶，形成其独特的观赏性状。其叶片顶生而下垂似伞形，是热带观叶植物的优良品种。

生态习性 性喜阳光，一年四季均可直射，即使酷暑盛夏，在骄阳下持续暴晒，叶片也不会灼伤。但不耐寒，北方需在霜降前入室，置于温暖向阳处。室温以10℃左右为宜，如低于5℃，须采取防寒保暖措施，以防冻害。

水培管理

① 容器：因酒瓶兰茎基部膨大叶片

螺旋状着生，细长，圆形玻璃容器较适用。

② 移栽：将土栽植株脱盆、去土，洗干净根系，直接将根系浸入自来水的容器中，并加少量多菌灵水溶液防腐消毒，诱导水生根系生长。

③ 营养液及管理：根系长出后，可适当添加稀释后营养液。酒瓶兰茎短根壮，叶片挺直耗营养液不多。夏天4～5天加水1次，冬季10～20天加清水1次，20～30天更新1次营养液，pH5.5～6。

④ 营养液开始液位不可过高，浸没根系1/3即可。

常见问题 夏季高温、干旱，偶有介壳虫与红蜘蛛发生。入夏后须将植株放在空气流通之处，并经常向植株及地面喷水，以降低温度，增加空气湿度。

应用与保健 酒瓶兰为观茎赏叶花卉，茎秆典雅，叶姿婆娑，为室内点缀珍品。用其布置客厅、书房，装饰宾馆、会场，都给人以新颖别致的感受。

25 海芋

野芋、天芋、天荷、观音莲、羞天草、隔河仙、观音芋、广东狼毒

天南星科　海芋属 *Alocasia macrorrhiza*

水培容易度　★★★★★

光照强度 

产地分布 产云南省中南、西部至东南部，海拔200～1100m热带雨林及野芭蕉林中。

识别要点 多年生常绿草本。茎粗大，褐色，内多黏液，叶片长约30cm，呈盾形，叶柄长，佛焰苞，长10～20cm，淡绿色至乳白色，下部绿色有光泽。

生态习性 生长温度为20～30℃，最低可耐8℃低温，冬季室温不可低于5℃。为耐阴植物，喜欢半阴环境，应放置在既能遮阴又可通风的环境中，不可在烈日下暴晒以免植株出现大面积的灼伤。特别喜湿，生长季节要求空气湿度不低于60%。

水培管理

① 直接将土栽植株脱盆、去土，洗干净根系，将根系全部浸入自来水的容器中，并加少量多菌灵水溶液防腐消毒，

诱导水生根系生长。

② 选用观叶营养液，15天更新1次营养液；营养液深度以能浸没根系的全部为宜。

③ 在室内盆养，宜放置在窗户附近。

④ 高温干燥时，还应向植株喷水湿、降温。

常见问题 休眠期常见软腐病，多发生在根茎基部，可用72%农用链霉素 3000倍液喷洒，伤口处可多喷。

应用与保健 海芋茎干粗壮，叶片大型，具有较强的耐阴性，适合在较大室内空间摆放。根茎可治肺结核、风湿关节炎，清热解毒，消肿散结。

26 八角金盘

八角盘、八手、手树

五加科　八角金盘属 *Fatsia japonica*

水培容易度　★★★

光照强度 

产地分布 原产日本，现全世界温暖地区已广泛栽培。

识别要点 叶大，掌状，5～7深裂花白色。花期10～11月。

生态习性 喜温暖湿润环境，耐阴性强，也较耐寒，喜湿怕旱，适宜生长于肥沃疏松而排水良好的土壤中。

水培管理

① 容器：因八角金盘植株叶片大型，宜选用较矮的圆形、方形玻璃容器。

② 移栽：将土栽植株脱盆、去土，洗干净根系。将部分须根剪除，然后将根系浸入装自来水的容器中，并加少量多菌灵水溶液防腐消毒，诱导水

生根系生长。

③ 营养液及管理：水生根系长出后，可适当添加稀释后营养液。夏天4～5天加水1次，冬季10～20天加清水1次，20～30天更新1次营养液，pH5.5。

④ 营养液开始液位不可过高，浸没根系1/3～1/2即可。

常见问题 常见炭疽病和叶斑病危害，用达克宁、皮康王软膏涂抹防治。虫害有介壳虫危害，用大葱、韭菜、姜、洋葱以及桃叶、蓖麻籽、银杏叶、车前草、曼陀罗、等切碎捣烂，加水若干浸泡后，喷洒或施入土中防治。

应用与保健 叶形奇特，姿态壮丽，叶色浓绿，覆盖率高，极耐阴，是极良好的室内植物。适合布置于厅堂等较大空间。可化痰止咳，散风除湿，化瘀止痛。可治咳嗽痰多，风湿痹痛，痛风，跌打损伤。

27 孔雀竹芋

花叶竹芋

竹芋科　肖竹芋属 *cternanthe makoyana*

水培容易度　★★

光照强度 

产地分布 原产南美的热带雨林。

识别要点 基部具块茎，株高20～30cm,叶长椭圆形，叶面绿白色，中肋边缘有丝状褐色斑块，叶片终年常绿，具独特的金属光泽，褐色斑块犹如开屏的孔雀。

生态习性 性喜半阴和高温多湿环境，不耐寒，生长适温为20～30℃，超过35℃或低于7℃，均对生长不良。越冬温度不可偏低,否则叶片易卷曲。

水培管理

① 容器：孔雀竹芋，株形整齐、美观，所选盆具宜大方雅致，与植株协调。

② 营养液及管理：选用观叶植物营养液，30天更新1次营养液，液面浸没根系2/3。

③ 水培管理：叶片上需经常喷水，保持较高的空气湿度，有利于叶片生长，否则叶片容易卷曲。夏季高

温、强光时应适当遮阳。生长过程中，剪除过高的生长枝和破损片，对过密植株适当剪除，以利通风透光，减少病虫害。

常见问题 一般很少病虫害，但要注意通风透气，以防介壳虫为害。

应用与保健 孔雀竹芋叶片具有银黄绿色羽毛条纹，清新悦目。盆栽适于装饰客厅、书房、卧室等处，高雅耐观，翠绿光润，青葱宜人。根茎中含有淀粉，可食用，具有清肺热、利尿等作用。

温馨提示 孔雀竹芋除甲醛的功效比普通植物也要高很多，此外，它还是清除空气中的氨气污染的高手（在10m^{2}内可清除甲醛0.86mg、氨气2.19mg）。

28 佛肚竹

大肚竹、佛竹、密节竹

禾本科　簕竹属 *Bambusa vulgaris*

水培容易度 

光照强度 

产地分布 佛肚竹是广东特产，分布于江南及西南各地。

识别要点 灌木状竹类，通常株高2.5～5m，粗1.2～5.5cm，茎秆奇特，畸形秆通常高25～50cm，茎节基部膨大如瓶，形似佛肚。幼秆深绿色，稍被白粉，老茎橄榄黄色，秆每节分枝1～3枚，叶片卵状披针形至长矩圆披针形，背具微毛。

生态习性 喜温暖湿润和阳光充足环境，不耐寒，怕干旱和烈日暴晒，冬季温不低于5℃。

水培管理

① 诱导生根：以早春2月或梅雨

季节最好。选3～5支母竹，多带地下竹鞭和根系，将植株根系浸入水中养护。

② 容器：选择带有种植杯的玻璃容器即可，上部选用陶粒锚定。

③ 营养液及管理：选用观叶植物营养液，pH5.5～5.8。生长旺盛的季节更换营养液的周期为15～25天，秋季以1/2浓度营养液养护，更换周期可延长至30天。根系1/2～2/3浸入营养液中。

常见问题 黑斑病用50%甲基托布津可湿性粉剂500倍液喷洒。虫害有竹蝗危害，用90%敌百虫原药1500倍液喷杀。

应用与保健 佛肚竹植株低矮秀雅，节间膨大，状如佛肚，枝叶四季常青，是盆栽和制作盆景的极好材料，也是布置庭院的理想材料。嫩叶可清热，消除烦躁。

29 罗汉松

罗汉松科　罗汉松属 *Podocarpus macrophylluss*

水培容易度 ★

光照强度

产地分布 分布于长江以南各地。

识别要点 树皮深灰色，成鳞片状开裂；枝叶稠密。叶螺旋状排列，线状披针形。

生态习性 喜温暖湿润和半阴环境，耐寒性略差，怕水涝和强光直射。

水培管理

① 容器：罗汉松植株宜选用带种植杯的玻璃容器，上部用陶粒或石砾固定植株。

② 移栽：将土栽植株脱盆、去土，洗干净根系。将部分须根剪除、多

菌灵水溶液防腐消毒，然后将根系穿过枯落物盘浸入装自来水的容器中，诱导水生根系生长。容器遮光对于诱导水生根系有促进作用。

③ 营养液及管理：水生根系长出后，可适当添加稀释后营养液。夏天4～5天加水1次，冬季10～20天加清水1次，20～30天更新1次营养液，pH5.5～6.0。

④ 营养液开始液位不可过高，浸没根系1/3～1/2即可。

常见问题 主要有叶斑病和炭疽病危害，用达克宁、皮康王软膏涂抹，疗效极佳。

应用与保健 罗汉松树姿秀丽葱郁，夏、秋季果实累累，惹人喜爱。盆栽或制作树桩盆景供室内陈设，也可地栽于小庭院门前对植和墙垣、山石旁配置。果实可治肺病咳嗽，根皮可活血、止痛，种子、花托可补肾、益脾。

30 苏铁

铁树、凤尾蕉、凤尾松、避火蕉

苏铁科　苏铁属 *Cycas revoluta*

水培容易度　★★★

光照强度 

产地分布 在福建、台湾、广东各地均有。日本、印度尼西亚及菲律宾亦有分布。

识别要点 苏铁室内盆栽高可达3m，茎为粗圆柱状，没有分枝，有粗大的叶痕。叶簇生于茎顶，小叶线形，革质。雄花呈螺旋状排列，形似菠萝，被生茸毛，初开时鲜淡黄色，成熟后变成褐色。雌花较大，形状为扁平圆柱体，逐渐分裂形成松塔状。

生态习性 苏铁喜阳光。苏铁抗寒力较强，但冬季气温0℃时应移入室内或温暖处越冬。

水培管理

① 苏铁茎干粗壮、叶片开展，植株

宜选用厚壁、承重较好的玻璃容器。

② 选取株形较好的小型土培植株，洗根、水养。

③ 水培初期每2～3天换清水1次，3～5周后逐渐长出水生根。当植株完全适应水培环境时移至光线充足处，加入观叶植物营养液进行养护，每2周换1次营养液。

常见问题 高温多雨季节易发病。苏铁受冻害后，病害亦容易发生。防治方法：冬季注意防寒；发病时，喷70%炭孢福镁500倍液，或50%多菌灵可湿性粉剂500倍液。在药液中加0.1%黏着剂（如聚乙烯醋酸酯）可提高药效。

应用与保健 苏铁树形奇特，叶片苍翠，并颇具热带风光的韵味宜作大型盆栽，布置庭院屋廊及厅室。有治痢疾、止咳和止血之效。

31 发财树

马拉巴栗、中美木棉、瓜栗

木棉科　瓜栗属 *Pachira macrocarpa*

水培容易度　★★★

光照强度　

产地分布 发财树原产热带美洲，我国1964年从墨西哥引入。

识别要点 常绿乔木，树高8～15m，掌状复叶，小叶5～7枚，枝条多轮生。花大，长达22.5cm，花瓣条裂，花色有红、白或淡黄色，色泽艳丽。4～5月开花，9～10月果熟，内有10～20粒种子，大粒，形状不规则，浅褐色。

生态习性 喜高温高湿气候，耐寒力差，幼苗忌霜冻，成年树可耐轻霜及长期5～6℃低温，华南地区可露地越冬，以北地区冬季须移入温室内防寒，喜酸性，忌碱性，较耐水湿，也稍耐旱。

水培管理

① 容器：因发财树茎干粗壮，叶片掌状、较大，宜选用稳定性较好的大型玻璃容器。

② 移栽：将土栽植株脱盆、去土，洗干净根系。将部分须根剪除，然后将根系穿过种植盘浸入装自来水的容器中，并加少量多菌灵水溶液防腐消毒，诱导水生根系生长。

③ 营养液及管理：水生根系长出后，可适当添加稀释后营养液。夏天4～5天加水1次，冬季10～20天加清水1次，20～30天更新1次营养液，pH5.5。

④ 营养液开始液位不可过高，浸没根系1/3～1/2即可。

常见问题 发财树抗性强，一般很少有病害；但在夏季高温期应注意介壳虫的危害，可人工用刷子蘸肥皂水刷除之。

应用与保健 发财树树姿幽雅，单干种植，也可编辫造型，可用于各大宾馆、饭店、商场及家庭等场所的室内绿化装饰，气派非凡。

32 榕树

细叶榕、成树、榕树须

桑科　榕属 *Ficus microcarpa*

水培容易度　★★★★

光照强度　

产地分布 产我国华南地区及台湾省，东南亚各国及澳大利亚也有分布。

识别要点 常绿大乔木，高20～25m，生气根。叶革质，椭圆形、卵状椭圆形或倒卵形。

生态习性 喜光，也颇耐阴，喜温暖湿润气候及酸性土壤，耐水湿。

水培管理

① 植株宜选用带种植杯的玻璃容器。块根膨大的地瓜榕也可直接固定在容器口部。

② 选取株形较好的土培植株，洗根、消毒，置于干净的自来水中诱导生根。因树冠较重，最好在容器中加

入陶粒，既有利于固定植株，又有利于生根。

③ 水培初期每2～3天换清水1次，2周后逐渐长出水生根。当植株完全适应水培环境时移至光线充足处，加入观叶植物营养液进行养护，每2周换1次营养液。夏天2～3天加水1次，冬季15～20天加水1次。

常见问题 以木虱、榕管蓟马、灰白蚕蛾三种虫害发生最频，危害最为严重。防治方法：加强栽培管理，主要应于冬季修剪过密枝叶和越冬枝梢、病梢；药剂防治，由于木虱、蓟马极易产生抗药性，切忌长期单一使用同样药剂和超量浓度施药。具体方法有喷雾和注药两种，喷雾可选用40%氧化乐果与敌杀死混用。

应用与保健 榕树枝叶茂密，其枝上丛生如须的气根，下垂着地、入土后生长粗壮如干，形似支柱，蔚为奇观，可制作盆景。人参榕根部形似人参，形态自然，根盘显露，树冠秀茂、风韵独特，观姿赏形，令人妙趣横生，心情愉悦，深受世界各地消费者的喜欢，是居室内外摆设装饰的一道亮丽风景。气根可祛风清热，活血解毒；叶可清热利湿，活血散瘀。

33 红叶石楠

酸叶石楠

蔷薇科　石楠属 *Photinia serrulata*

水培容易度 ★★

光照强度 

产地分布 华北大部、华东、华南及西南各地。

识别要点 常绿小乔木，高度可达12m，株形紧凑。叶革质、平滑，长椭圆形，边缘有细锯齿，新叶红色。花期4～5月。果红色，能延续至冬季，果期10月。

适栽品种类型 目前我国花木界常见的红叶石楠有4个品种。

① ‘红罗宾’:叶缘锯齿比其他品种明显，个体差异比其他品种大。其生长速度较其他品种快，枝干粗壮，株形紧凑，耐修剪。花期4～5月。耐最低温度为－12℃，适合在黄河以南的地区栽植。

② ‘红唇’:单叶互生，椭圆状，长宽比为2：1，叶先端锐尖，叶缘有整齐的小锯

齿。4月中旬开花，耐寒性相对较差。

③ ‘强健’:该品种因生长特别强健而得名。一年生枝条颜色较绿，萌芽能力强，极耐修剪。与其他品种相比，叶片更大，花也更繁茂。但叶片红色持续的时间较其他品种短，叶红色较淡，为带粉的橙红色。抗性强。

④ ‘鲁宾斯’:叶片相对较小，一般为9cm左右，分枝能力一般，叶片枝条比红罗宾、红唇、强健要小，叶片表面角质层较薄，叶色亮红，但光亮程度不如红罗宾。一年生枝条颜色灰暗，春季叶片显红的时间比其他品种要早7～10天，红叶的时间比其他品种长10天左右。抗性比其他品种强，相对较耐寒，最低可耐－18℃低温。

生态习性 喜温暖、潮湿、阳光充足的环境。耐寒性强，能耐最低温度－18℃。喜强光照，也有很强的耐阴能力，但在直射光照下，色彩更为鲜艳。

水培管理

① 植株宜选用带种植杯的玻璃容器，种植杯中用陶粒固定植株。

② 选取株形较好的土培植株，洗根，修剪根系，用多菌灵消毒，置于干净的自来水中诱导生根。为了保证水生根系的顺利诱导，可以对乘水容器进行遮光。水培初期每2～3天换清水1次，2周后逐渐长出水生根。

③ 当植株完全适应水培环境时移至光线充足处，加入观叶植物营养液进行养护，每2周换1次营养液。夏天2～3天加水1次，冬季15～20天加水1次。

常见问题 红叶石楠抗性较强，少见病虫害。

应用与保健 红叶石楠也可培育成独干不明显、丛生形的小乔木，群植成大型绿篱或幕墙，在居住区绿地、街道或公路绿化隔离带应用；还可培育成独干、球形树冠的乔木，在绿地中孤植；或作行道树或盆栽后在门廊及室内布置。具有防治感冒的效果。

34 橡皮树

印度榕、印度橡胶

桑科　榕属 *Ficus elastica*

水培容易度　★★

光照强度  

产地分布 原产印度及马来西亚等地，现我国各地多有栽培。

识别要点 常绿木本观叶植物。橡皮树叶片较大，厚革质，有光泽，圆形至长椭圆形；叶面暗绿色，叶背淡绿色，初期包于顶芽外，新叶伸展后托叶脱落，并在枝条上留下托叶痕。其花叶品种在绿色叶片上有黄白色的斑块，更为美丽悦目。

生态习性 喜温暖、湿润气候。要求肥沃土壤。喜光，亦能耐阴。不耐寒冷，适温为20～25℃。冬季温度低于5～8℃时易受冻害。

水培管理

① 植株较大，宜选用带种植杯的玻璃容器。

② 选取株形较好的小型土培植株，洗根、水养，老根不易腐烂，能较快适应水培环境。也可于5～9月截取生长健壮的枝梢，去除基部叶片并晾干切口后直接水插养殖。因树冠较重，最好在容器中加入陶粒，既有利于固定植株，又有利于生根。

③ 水培初期每2～3天换清水1次，2周后逐渐长出水生根。当植株完全适应水培环境时移至光线充足处，加入观叶植物营养液进行养护，每2周换1次营养液。

常见问题 常见炭疽病、叶斑病和灰霉病危害，用5%代森锌500倍液喷洒。虫害有介壳虫和蓟马危害，用40%氧化乐果乳油1000倍液喷杀。

应用与保健 橡皮树喜阳、耐阴，对光线的适应性强，所以极适合室内美化布置。中小型植株常用来美化客厅、书房；中大型植株适合布置在大型建筑物的门厅两侧及大堂中央，显得雄伟壮观，可体现热带风光。可净化甲醛、二氧化碳、粉尘等污染物。

35 美洲苏铁

墨西哥铁、鳞秕泽米铁、糠叶美洲苏铁、美叶凤尾蕉

苏铁科　美洲苏铁属 *Zamia pumila*

水培容易度　★★★

光照强度　

产地分布 原产于墨西哥，我国近年新引进栽培。

识别要点 中型观叶植物，主干高15～30cm，叶为大型偶数羽状复叶，生于茎秆顶端；叶革质硬，叶长30～60cm，叶柄长15～20cm。羽状小叶7～12对，小叶长椭圆形，基部2/3处全缘，小叶缘上端密生坚硬钝形锯齿，叶背有明显的脉纹。

生态习性 喜阳，美洲苏铁耐寒力较强，但与苏铁相比抗寒力稍差，冬季温度降到5℃以下叶片易受冻泛黄且生长停顿。

水培管理

① 美洲苏铁茎秆粗壮、叶片开展，植株宜选用厚壁、承重较好的玻璃容器。

② 选取株形较好的小型土培植株，洗根、水养。

③ 水培初期每2～3天换清水1次，3～5周后逐渐长出水生根。当植株完全适应水培环境时移至光线充足处，加入观叶植物营养液进行养护，每2周换1次营养液。

常见问题 病虫害较少发生。

应用与保健 株形优美，叶片排列有序，常年青翠，给人以刚毅坚强之感。它虽喜阳，但又能较长时间地忍耐较低的光照条件，且生长速度较缓慢，株形稳定，极适合室内厅堂布置摆放。

36 白纹草

绿竹、白纹兰

百合科　吊兰属 *Chlorophytum bichetii*

水培容易度　★★★

光照强度 

产地分布 原产热带西非。

识别要点 为宿根观叶植物，与银边吊兰极相似，但没有走茎；耐旱性稍强。叶片细致柔软，绿色叶片上具有白色条斑。

生态习性 性耐阴，强烈的阳光直射，叶片会被晒伤。生育适温为20～28℃，不耐低温。

水培管理

① 可取一透明的不透水容器，用发泡炼石或贝壳砂、彩色石头等当介质固定根部，再加水约至植株根部的1/2，不要淹过整个根部，以免根系腐烂。

② 冬季温度低时易黄叶脱落，可降低水位，并将黄叶剪掉，将其置于室内窗台光亮处等到春天气温回暖时，会再萌生出许多新叶及新芽。

常见问题 病虫害较少，因其根系肉质，水位过高易导致根系腐烂，控制营养液高度，经常换水即可。

应用与保健 白纹草小巧玲珑，十分可爱，极适于小型盆栽，摆放于台案、花架之上。可以净化空气，增加空气湿度。

37 姬凤梨

紫锦凤梨、锦纹凤梨、海星花、无茎隐花凤梨、迷你凤梨

凤梨科　姬凤梨属 *Cryptanthus acaulis*

水培容易度 

光照强度 

产地分布 原产巴西东南部。

识别要点 多年生常绿草本植物。地生种高8～10cm左右，冠幅15～20cm。几乎无茎，叶片边缘呈波状，有刺，绿色，背面有银白色的鳞片。

适栽品种类型 常见有红叶姬凤梨、长柄姬凤梨、玫瑰姬凤梨、条纹姬凤梨、紫红姬凤梨等。

生态习性 喜半阴，要求明亮光线，喜温暖、不耐寒，冬季适宜的生长温度为15～22℃，低于10℃容易受害。喜较高的空气湿度。

水培管理

① 姬凤梨植株小，可选用小型玻璃容器。

② 选取株形较好的土培植株，洗根、诱导水生根系，将根系先端1/3浸入清水中。水培初期每2～3天换清水1次，20～35天后逐渐长出水生根。

③ 加入观叶植物营养液进行养护，每2周换1次营养液。

④ 当植株完全适应水培环境时移至光线充足处，春夏秋季遮去阳光的50%左右，冬季不遮光。光线太暗，阳光太少，叶片上的斑纹和色彩会变得暗淡并最后消失。

常见问题 摆放地点通风不良导致介壳虫为害，用湿布或软刷轻轻将其刷去即可。将植株移至通风处，可减少介壳虫发生。

应用与保健 植株体态玲珑可爱，叶色艳丽，是桌上摆饰或瓶饰的最佳材料，作为瓶景植物。可以吸收甲醛，防辐射，净化空气。

38 ‘翡翠宝石’春雪芋

天南星科　春雪芋属 *Homalomena* ‘Emerald Gem’

水培容易度　★★★★

光照强度 

产地分布 栽培种，广布。

识别要点 小型种，叶心形，先端尾尖，浓绿色，成株丛生密集。

生态习性 需日照50%～70%，性喜高温多湿，生长适温20～28℃，13℃以下预防寒害，冬季需温暖避风。

水培管理

① 将春雪芋植株脱盆，抖去绝大部分宿土，洗净根部，以岩棉、陶粒锚定植株，定植于瓶中，根系2/3浸末水中，保持空气相对湿度70%左右，10天后可生新根。

② 植株较小，选用有种植杯的中小型容器，盆具选用与植株大小成比例

（株高的1/3左右）的。

③ 选用观叶植物营养液配方，夏天3～4天换水1次，冬季15～20天更换1次。根系浸没2/3～3/4即可。

④ 生长期内要经常向叶面和叶背喷水，气温低时应控制喷水量。

⑤ 以明亮的散射光下生长最好，叶色鲜明。

常见问题 有时有介壳虫为害，用湿布或软刷蘸肥皂水轻轻将其刷去即可。

应用与保健 植株体态玲珑可爱，叶色翠绿，是桌上摆饰的最佳材料，也作为瓶景植物。

39 金钱树

金币树、雪铁芋、泽米叶天南星、龙凤木

天南星科　雪芋属 *Zamioculcas zamiifolia*

水培容易度　★★★

光照强度　

产地分布 原产于热带非洲。

识别要点 地上部无主茎，不定芽从块茎萌发形成大型复叶，小叶肉质具短小叶柄，坚挺浓绿；地下部分为肥大的块茎。

生态习性 性喜暖热略干、半阴及年均温度变化小的环境，比较耐干旱，但畏寒冷，忌阳光暴晒，怕土壤黏重和盆土内积水，如果盆土内通透不良易导致其块茎腐烂。

水培管理

① 将大的金钱树植株脱盆，抖去绝大部分宿土，洗净根部，从块茎的结合薄弱处掰开，并在创口上涂抹硫黄粉或草木灰，晾干，以岩棉、陶粒锚定植株，定植于瓶中，根系2/3浸没水中，保持空气相对湿度

70%左右，10天后可生根。

② 盆具选用与植株大小成比例（株高的1/3左右）的。

③ 选用观叶植物营养液配方，7～15天更换1次。

④ 生长期内要经常向叶面和叶背喷水，气温低时应控制喷水量。

⑤ 以明亮的散射光下生长最好，叶色鲜明更美。

常见问题 过湿更容易导致植株根系腐烂，甚至全株死亡。去除腐烂根系，用硫黄粉消毒，晾干，置于清水中诱导生根。

应用与保健 耐阴性强，有“耐阴王”之称，为新引入的高档室内观赏植物。

40 网纹草

菲通尼亚、费通花

爵床科　网纹草属 *Fittonia spp*

水培容易度　

光照强度　

产地分布 原产南美秘鲁热带林下。

识别要点 多年生常绿草本植物。植株矮小，呈匍匐状。叶卵圆形，十字对生；叶片翠绿色，叶脉网状。茎枝、叶柄、花梗均密被茸毛。

适栽品种类型 长见栽培有白网纹草和红网纹草。白网纹草网状叶脉银白色，红网纹草网状叶脉红色。

生态习性 喜高温，怕寒冷；喜潮湿，怕干旱；忌干燥，怕强光，以散射光最好。越冬最低温度16℃；要求疏松、肥沃、通气良好的砂质壤土。

红网纹草

白网纹草

水培管理

① 网纹草植株小，可选用小型玻璃容器。

② 选取株形较好的土培植株，洗根、诱导水生根系，将根系基部浸入清水中。水培初期每2～3天换清水1次，3～5周后逐渐长出水生根。

③ 加入观叶植物营养液进行养护，每2周换1次营养液。

常见问题 因其叶片薄而娇嫩，应尽量避免叶面喷水，否则易引起叶片腐烂和脱落，甚至植株死亡。

应用与保健 植株由娇小别致的叶片组成一幅十分美丽的图案，为新一代的小型室内喜阴观叶植物。西方十分流行，在我国也很受欢迎。北方干旱季节湿度低，栽培时需特别选择湿度高的角落，或作为瓶栽植物种植。一定程度上可以净化空气，有利健康。

41 龟背竹

蓬莱蕉、电线草

天南星科　龟背竹属 *Monstera deliciosa*

水培容易度　★★★★★

光照强度 

产地分布 原产墨西哥。

识别要点 茎秆上可生出多数褐色而肥大的气生根，形似电线，故称电线草；叶片呈心形，幼苗时叶片无孔，植株长大后，叶片甚大，可达60～80cm，在其羽状的叶脉间呈龟甲形散布许多圆形的孔洞和深裂，其形状似龟甲图案，故常称为龟背竹。

生态习性 喜温暖和潮湿的环境，耐阴，忌阳光直晒；不耐寒，在5℃以上的室内栽培不会受害。越冬最低温度10℃，18℃以上恢复正常生长。

水培管理

① 容器：选择稳定性好的玻璃容器。

② 移栽：将土栽植株脱盆、去土，洗干净根系。将根系2/3浸入自来水的容器中，并加少量多菌灵水溶液防腐消毒，诱导水生根系生长。

③ 营养液及管理：水生根系长出后，可适当添加观叶营养液。每7～10天加清水1次，20～30天更新1次营养液，pH5.5～6。龟背竹耐水湿，营养液可浸没根系。

常见问题 介壳虫是龟背竹最常见的虫害，少量时可用旧牙刷清洗后用40%氧化乐果乳油1000倍液喷杀。常见病害有叶斑病、灰斑病和茎枯病，可用65%代森锌可湿性粉剂600倍液喷洒。

应用与保健 龟背竹叶片形态奇特，光亮，叶色浓绿，株形优美，整体观赏效果好，又因其耐阴、耐干旱，生长较缓慢，是我国栽培十分普及的室内观叶植物。中、小盆栽适合布置家庭的客厅、卧室和书房。大盆植株常用作宾馆、饭店的大堂及室内花园的人工瀑布或水池边。可长期在室内光线较强的地方观赏，也可放在光线较暗的房间。

42 心叶蔓绿绒

天南星科　蔓绿绒属 *Philodendron scandens*

水培容易度　★★★★

光照强度 

产地分布 原产墨西哥。

识别要点 蔓性藤本，叶心形，尖端尾尖，叶色浓绿。

生态习性 耐半阴，忌日光过分强烈。喜水湿，喜高温，不耐寒，生长适温20～30℃。最低越冬温度在12℃以上。

水培管理

① 诱导生根：将土栽植株脱盆、去土，洗干净根系。将根系2/3浸入自来水的容器中，并加少量多菌灵水溶液防腐消毒，诱导水生根系生长。

② 容器：选择低矮、稳重有种植杯的玻璃容器。

③ 营养液及管理：水生根系长出后，可适当添加稀释后营养液。夏天每3～5天加清水1次，冬季15～20天加清水1次，20～30天更新1次营养液。心叶蔓绿绒较耐水湿，根系可直接浸没营养液中。

常见问题 常见叶斑病和介壳虫危害。叶斑病用达克宁、皮康王软膏涂抹。

应用与保健 常见室内观叶植物，具有很高的观赏价值。可垂吊栽植，也可用立柱支撑攀爬。可布置室内光线较弱处。可净化甲醛、苯、三氯乙烯等空气污染物。

43 紫萁

紫萁贯众

紫萁科　紫萁属 *Osmunda japonica*

水培容易度　★★★

光照强度 

产地分布 原产我国，北起山东（崂山）、秦岭南坡，南达两广，东自海边，西迄云、贵、川西。也广泛分布于日本、朝鲜、印度北部。

识别要点 根茎块状，其上宿存多数已干枯的叶柄基部；蕨叶为二回羽状复叶，初生时红褐色并被有白色或淡褐色茸毛。

生态习性 喜温暖、潮湿和较强散射光的半阴条件，耐水湿。

水培管理

① 容器：因紫萁植株中等，叶片宽大，应选各种中型玻璃容器。

② 移栽：将土栽植株脱盆、去土，

洗干净根系，直接将根系1/3浸入自来水的容器中，并加少量多菌灵水溶液防腐消毒，诱导水生根系生长。

③ 营养液及管理：根系长出后，可适当添加稀释后营养液。夏季每3～4天加清水1次，冬季15～20天加水1次，20～30天更新1次营养液，pH5.5～6。

④ 营养液开始液位不可过高，根系1～2cm浸入即可。

⑤ 春季和夏季的生长盛期需经常向叶面喷水，以保持叶面光洁。一般空气湿度以保持70%～80%较适宜。

常见问题 养护管理较为粗放，抗病虫害能力极强，通常只要水分掌握适当，不要过干、过湿，一般不会受病虫害侵染。

应用与保健 较大型的阴生观叶植物；可布置于明亮的客厅、会议室，端庄美丽，可增添野趣。可做清热解毒药、去瘀止血药。

44 ‘绿帝王’喜林芋

绿宝石、长心形绿蔓绒

天南星科　喜林芋属 *Philodendron erubescens*

水培容易度　★★★★

光照强度 

产地分布 分布于热带美洲。

识别要点 常绿攀缘植物。茎粗壮，茎节上长有气生根。

适栽品种类型

① ‘绿帝王’喜林芋：是红苞喜林芋的一个栽培品种。株形、叶形与红苞喜林芋基本相同，但其叶片、茎、叶柄、嫩梢与叶鞘均为绿色。

②‘红帝王’喜林芋：别名红宝石，叶柄、叶背和幼叶常为暗红色。

生态习性 最适生长温度为18～30℃，忌寒冷霜冻，越冬温度需保持在10℃以上，在冬季气温降到4℃以下进入休眠状态，如果环境温度接近0℃时，会因冻伤死亡。喜欢湿润的气候环境，要求生长环境的空气相对湿度在60%～75%。

水培管理

① 容器：选择能承载植株的塑料盆、瓷盆、工艺玻璃盆等，配以定植杯和防枯落物盖板（泡沫塑料也可）。

② 春季3月上盆，拥以陶粒、水苔等固着植株。

③ 营养液及管理：选用观叶植物营养液。根系1/2～2/3浸入营养液中，随着植株生长，营养液液面适当往下降。每15～20天更换1次营养液。蒸腾快的季节还应适当补充水分，以免营养盐积累。

④ 经常向叶面喷水，增加空气湿度，夏季庇荫。秋末至来年春天，需充足光照。

⑤ 植株蔓性易倒伏，要设支柱捆缚，使株丛丰满，提高观赏价值。

常见问题 在通风不良时偶尔可见蚜虫为害心叶幼嫩部分，造成叶片生长畸形，采用人工捕杀。

应用与保健 布置厅堂、会议室。除攀缘栽培外，也可垂悬、吊挂栽培观赏。可净化甲醛、苯、三氯乙烯等空气污染物。

45 凤尾蕨

凤尾草、仙人掌草、鸡足草、井栏边草、小叶凤尾草

凤尾蕨科　凤尾蕨属 *Pteris multifida*

水培容易度　★★★

光照强度 

产地分布 我国长江流域及以南地区都有分布，日本、朝鲜也有分布。

识别要点 陆生矮小蕨类植物，它的高一般在35～45cm。叶子形状像羽毛、叶柄较长，有棱，叶子呈灰绿色或褐色而有光泽。

生态习性 喜温暖阴湿环境，有一定的耐寒性，但低于－10℃时叶梢会冻枯黄，稍耐旱，怕积水，喜生长在肥沃、排水良好的钙质土壤中。

水培管理

① 容器：因凤尾蕨植株较小，叶片较细长，圆形、方形等玻璃容器均可适用。

② 移栽：将土栽植株脱盆、去土，洗干净根系，直接将根系1/3浸入自来水的容器中，并加少量多菌灵水溶液防腐消毒，诱导水生根系生长。

③ 营养液及管理：根系长出后，可适当添加稀释后营养液。夏季每3～4天加清水1次，冬季15～20天加水1次，20～30天更新1次营养液，pH5.5～6。

④ 营养液开始液位不可过高，刚浸没根系1/3即可。

⑤ 凤尾蕨喜阴湿环境，夏秋季应多向叶片喷水，避免强光直射，灼伤叶片。

常见问题 抗病虫害能力极强，一般不会受病虫害侵染。

应用与保健 凤尾蕨根茎短，叶簇生，叶丛小巧细柔，姿态清秀，很适合室内水养。可布置于室内光线明亮处。全草都可以供药用，它具有清热利湿、凉血解毒、强筋活络等效，民间多用于治痢疾和止泻。

46 旱伞草

伞草、风车草、水竹、水棕草

莎草科　莎草属 *Cyperus alternifolius*

水培容易度　★★★★★

光照强度 

产地分布 原产西印度群岛、马达加斯加。我国原产于东南部和西南部。

识别要点 多年生草本植物，株高60～100cm，地下部具短粗根状茎，茎直立丛生，枝棱形，无分枝，叶退化成鞘状，为棕色，包裹茎秆基部。总苞片叶状，披针形，具平行脉，20枚左右，伞形着生秆顶，花序穗状扁平形，多数聚集呈伞形花序，花白色或黄褐色，花期6～7月。

适栽品种类型 同属植物约380种，我国产约30种，常见变种有矮伞莎草、银线伞莎草。

生态习性 广泛分布于森林和草原

地区的河湖边缘的沼泽地中，喜温暖、潮湿及通风良好的环境。不耐寒，但耐阴性极强。生长期适温为15～25℃，冬季适温为7～12℃。12℃左右植株进入休眠期。

水培管理

① 容器:旱伞草植株比一般草花高大，故应选用口径大一些的较高容器。为防止倾倒，可在容器底部饰以卵石，降低重心。因旱伞草茎秆丛生，通常不需要定植杯和防落物板。必要时可在扦插初期用塑料泡沫等物简单挟裹扶直。也可用一长方形不漏水的花盆，配置高低不同数丛伞花，留出水面，点缀几块顽石，构成一幅自然的水景。

② 移栽：旱伞草可洗根后水栽，也可剪取健壮顶生茎。留茎3cm，剪去伞状叶四周尖端，留直径6～8cm圆盘状，将茎插入水中，约10天可生根。

③ 营养液及管理：冬季休眠期和扦插初期可以稀一些。为防止营养液失水过多和养分积聚，45天更新营养液1次。pH5.5～6.8，浸没根茎部。

常见问题 旱伞草植株健壮，少见病虫害。

应用与保健 其茎秆挺直细长的叶状总苞片簇生于茎秆，呈辐射状，姿态潇洒飘逸，不乏绿竹之风韵，因此很受人们欢迎，常供室内盆栽观赏。可净化水质。

47 菜豆树

幸福树、辣椒树、接骨凉伞、山菜豆树

紫葳科　菜豆树属 *Radermachera sinica*

水培容易度　★★★

光照强度 

产地分布 分布于台湾、广东、广西、贵州、云南，生于海拔340～750m处的山谷或平地疏林中。不丹也有分布。

识别要点 中乔木，为2～4回羽状复叶、小叶互生，叶形为卵状椭圆形或卵状批针形，蒴果条形似菜豆。

生态习性 菜豆树性喜温暖湿润、喜肥，怕干旱，要求通风良好、阳光充足的环境。生长适温为10～33℃，夏天应将其放于有较好散射光的室内，不耐寒。

水培管理

① 容器：因菜豆树植株大、叶片大，

宜选用稳定性较好的大型玻璃容器。

② 移栽：将土栽植株脱盆、去土，洗干净根系，将部分须根剪除，然后将根系穿过种植盘浸入装水的容器中，并加少量多菌灵水溶液防腐消毒，诱导水生根系生长。上部用陶粒或石砾固定植株。

③ 营养液及管理：水生根系长出后，可适当添加稀释后营养液。夏天4～5天加水1次，冬季10～20天加清水1次，20～30天更新1次营养液，pH5.5。

④ 营养液开始液位不可过高，浸没根系1/3～1/2即可。

常见问题 通风不良时有介壳虫为害，用湿布或软刷蘸肥皂水轻轻将其刷去即可；在高温高湿的环境中易得叶斑病，可通过加强透光来预防。

应用与保健 菜豆树的幼株可当小盆栽，作为室内植物菜豆树。株形大，叶色翠绿，适于放在大厅观赏。翠绿的叶片给室内增添生机与活力，能使人们心情舒缓、释放压力。成株可长到15m以上，适合作为庭园观赏植物或行道树。

菜豆树以根、叶入药，全年可采根，洗净叶片，晒干；秋前采叶，晒干或鲜用。菜豆树有清热解毒、散瘀消肿的功效。

48 棕竹

棕榈竹、矮棕竹、观音竹、筋头竹

棕榈科　棕竹属 *Rhapis excelsa*

水培容易度　★★

光照强度　

产地分布 原产我国广东、云南等地，日本也有。

识别要点 叶集生茎顶，掌状，深裂几达基部，有裂片3～12枚。

生态习性 喜温暖潮湿、半阴及通风良好的环境，畏烈日，稍耐寒可耐0℃左右低温。

水培管理

① 脱盆后洗净根系泥土，植入营养钵内，拥塞陶粒、岩棉等基质。1个半月左右长出新根。

② 选用观叶植物营养液，pH5.8～6.5，15天更换1次营养液。5～9月为生长期，置于散射光的荫蔽地养护。夏季生长旺盛，及时补充水分，并多喷水，清除旁生枯萎枝叶。随时剪除枯叶和断叶，保持植株清新悦目。

常见问题 棕竹生长要求通风良好的环境，如通风不良易发生介壳虫。若少量发生，应及时人工刮除，同时注意通风透气，及时修剪枯枝败叶。

应用与保健 棕竹株形紧密秀丽、株丛挺拔、叶形清秀、叶色浓绿而有光泽，既有热带风韵，又有竹的潇洒，为重要的室内观叶植物。在明亮的室内可供长期欣赏，在较阴暗的室内可连续观赏3～4周。棕竹适合放在家里的任何一个角落。在农村，棕竹是比较受欢迎的植物，适合性格比较粗犷的人，能营造一种粗犷的家居风格。

棕竹能吸收80%以上的有害气体，净化空气。棕竹还能消除重金属污染，对二氧化硫污染有一定的抵抗作用。

49 ‘银纹’沿阶草

百合科　沿阶草属 *Ophiopogon intermedius* ‘Argenteo—marginatus’

水培容易度　★★★

光照强度　

产地分布 亚洲东部及南部。

识别要点 多年生草本，高5～30cm。叶丛生，无柄，窄线形，革质，叶面有银白色纵纹，叶端弯垂。总状花序，花小，淡蓝色，夏季开放。

生态习性 生性强健，耐阴性强，耐旱喜多肥，喜温暖至高温气候，生长适温为15～28℃。耐寒，稍耐阴，对土壤的要求不严，适应性强。

水培管理

① 直接将土栽植株脱盆、去土，洗干净根系。将根系全部浸入自来水的容器中，并加少量多菌灵水溶液防腐消毒，诱导水生根系生长。

② 选用观叶营养液，15天更新1次营养液，营养液深度能浸没根系的全部。

③ 在室内盆养，宜放置在窗户附近。

④ 高温干燥时，还应向植株喷水湿、降温。

常见问题 注意通风，防止介壳虫为害。

应用与保健 为较好的阴生植物，可盆栽于室内观赏。此外，适合草坪边缘栽植，也可于林带下层进行层基栽植，或做建筑背阴面的墙基绿化，或点缀于假山石景等处。沿阶草块根有养阴、生津、润肺、止咳的作用。全株入药，具有滋阴润肺、益胃生津、清心除烦的功效。可治肺燥干咳、肺痈；阴虚劳嗽、津伤口渴、消渴、心烦失眠、咽喉疼痛、肠燥便秘、血热吐衄。

50 吊竹梅

紫背鸭跖草、水竹草

鸭跖草科　吊竹梅属 *Zebrina pendula*

水培容易度　★★★★★

光照强度 

产地分布 原产墨西哥、泰国。

识别要点 多年生草本茎多分枝，匍匐性，节处生根。茎上有粗毛，茎叶略肉质。叶互生，基部鞘状，端尖，全缘，叶面银白色，中部及边缘为紫色，叶背紫色。

适栽品种类型 ①四色吊竹梅（var.quadricolor）：叶表暗绿色，具红色、粉红色及白色的条纹，叶背紫色。

② 紫吊竹梅（*Z.purpusii*）：叶形及花同吊竹梅基本相同。紫吊竹梅的株形比四色吊竹梅的略大，叶子基部多毛。叶面为深绿色和红葡萄酒色，没有白色条纹。

③ 异色吊竹梅（var.discolor）：叶面绿色，有两条明显的银白色条纹。

④ 小吊竹梅（var.minima）：叶

细小，植株比原种矮小。

生态习性 喜温暖湿润、通风良好的环境；耐阴、不耐寒，入冬保持10℃左右即可安全越冬。

水培管理

① 只要是无底孔容器均可选用，直径8～20cm玻璃瓶最佳。

② 由于其常在茎节处长出根，可将长根的茎枝剪下，插入营养液中，数天后根尖即继续伸长成主根，或选择长势旺盛的枝条从茎节下端截取插穗浸入营养液中，3～5天后即能从茎节处反向长出新根，水培植株即已成活。

③ 可选用园试营养液标准浓度的1/4。30天更新营养液1次。pH6～7。营养液高度浸没根系。

④ 栽培中忌强光照射。

常见问题 该植物适应性强，少见病虫害。

应用与保健 吊竹梅枝条自然飘曳，独具风姿；叶面斑纹明快，叶色美丽别致，深受人们的喜爱。它植株小巧玲珑，又比较耐阴，适于美化卧室、书房、客厅等处，可放在花架、橱顶，或吊在窗前自然悬垂，观赏效果极佳。

吊竹梅能够吸附室内的灰尘，保持空气的清新，还能吸收甲醛，净化空气。吊竹梅叶与茎可入药，具有清热解毒、凉血止血、利尿的功效。

51 紫鹅绒

天鹅绒三七、土三七、橙黄土三七、红凤菊

菊科　土三七属 *Gynura aurantacea*

水培容易度　★★★

光照强度 

产地分布 原产亚洲热带地区。

识别要点 叶缘锯齿状明显，叶端急尖，叶脉掌状明显；幼时显紫色，长大后深绿色。整个植株密被紫红色的绒毛。

生态习性 喜温暖稍湿润环境，宜散射光，怕强光暴晒，土壤以疏松、排水好的壤土为好，生长适温为18～25℃，越冬温度为8℃左右。

水培管理

① 直接将土栽植株脱盆、去土，洗干净根系。将根系部分浸入自来水的容器中，并加少量多菌灵水溶液防腐消毒，诱导水生根系生长。

② 选用观叶营养液15天更新1次营养液；营养液深度能浸没根系的1/2。

③ 在室内盆养，宜放置在窗户附近。

常见问题 室内栽培时，易遭蚜虫危害，可用50%杀螟松乳油1500倍液喷洒防治。

应用与保健 紫鹅绒全株覆盖紫红色茸毛，在观叶植物中非常有特色，适宜盆栽或吊盆种植，装饰美化居室或厅堂环境。在家里栽种一些，能一定程度上净化空气，对人体健康有利，而且占地不大。

52 驳骨丹

小驳骨、细叶驳骨兰、臭黄藤

爵床科　裹篱樵属 *Gendarussa vulgaris*

水培容易度　★★★

光照强度　

产地分布 分布于华东、中南、西南各地。

识别要点 常绿小灌木。茎直立多分枝，小枝四棱形，茎节膨大，无毛。叶全缘,对生，具短柄，披针形，先端渐尖，光亮。初夏开花；花冠二唇形，白色或粉红色，有紫斑；雄蕊2个。蒴果棒状，无毛。

生态习性 喜阳光充足，肥沃、排水良好。较耐寒，抗干旱能力强，耐粗放管理。

水培管理

① 诱导生根：将土栽植株脱盆、去土，洗干净根系。将根系2/3浸入自来水的容器中，并加少量多菌灵水溶

液防腐消毒，诱导水生根系生长。

② 容器：选择有种植杯的玻璃容器，用陶粒等锚定植株。

③ 营养液及管理：水生根系长出后，可适当添加稀释后营养液。每7～10天加清水1次，20～30天更新1次营养液。较耐水湿，根系可直接浸没营养液中。

常见问题 常有细菌性叶斑病和炭疽病危害，可定期喷洒波尔多液防治。

应用与保健 具有一定耐阴性，可作优美典雅的室内观叶植物，具有很高的观赏价值。根和叶供药用，有祛风化湿、行气活络之功效。花芳香，可提取芳香油。全年可采，洗净晒干或鲜用，有续筋接骨、消肿止痛的功能。

53 南洋森类

福禄桐

五加科　南洋森属 *Polyscias spp.*

水培容易度　★★★

光照强度　

产地分布 原产亚洲热带及太平洋上的部分热带岛屿。

识别要点 常绿灌木。株高1～3m，树干皮孔明显。叶互生，一回羽状复叶，小叶3～4对，叶色嫩绿，光亮。因品种不同，叶形、叶色和叶片上的斑纹常有较大的变化。

适栽品种类型 常见栽培品种有‘绿叶’南洋森、‘白雪’南洋森、‘芹叶’南洋森等。株形和叶色均较美观。

生态习性 喜光，喜高温多湿，但又极耐旱；不耐寒，越冬最低温度13～16℃。耐阴性强，忌直射阳光。

水培管理

① 容器：因南洋森植株大、叶片大，宜选用稳定性较好的大型玻璃容器。

② 移栽：将土栽植株脱盆、去土，洗干净根系。将部分须根剪除，然后将根系穿过种植盘浸入装自来水的容器中，并加少量多菌灵水溶液防腐消毒，诱导水生根系生长。上部用陶粒或石砾固定植株。

③ 营养液及管理：水生根系长出后，可适当添加稀释后营养液。夏天4～5天加水1次，冬季10～20天加清水1次，20～30天更新1次营养液，pH5.5。

④ 营养液开始液位不可过高，浸没根系1/3～1/2即可。

⑤ 光线要充足，但不能直射强光。

⑥ 南洋森不耐寒，温度应保持稳定，夜温应保持在13℃以上。温度太低会使叶片脱落，植株死亡。

常见问题 时有介壳虫为害，用湿布或软刷蘸肥皂水轻轻将其刷去即可。

应用与保健 具较强的耐阴性，是优良的室内观赏植物。南洋森枝条细软，叶色斑驳多彩、株形柔和优美，是较理想的室内观叶植物。它常以中小盆种植，用于明亮的客厅、过道、窗台等处绿化装饰。

54 银脉单药花

银脉爵床、斑马花、丹尼亚单药花

爵床科　单药花属 *Aphelandra squarrosa*

水培容易度　★★★

光照强度 

产地分布 原产南美洲。

识别要点 多年生常绿草本。株高50～80cm。单叶对生，叶全缘，深绿而有光泽，银白色的叶脉布满叶面，非常艳丽醒目。穗状花序，花冠唇形，花苞片金字塔形，金黄色，交叠着生。花期8～10月。

生态习性 喜潮湿的、光线充足的半阴　环境，生长适温为18～25℃，要求疏松肥沃的土壤。

水培管理

① 容器:植株较高大，故应选用口径大一些的容器。为防止倾倒，通常需要定植杯和防落物板。

② 移栽：银脉单药花可洗根后水栽。

③ 营养液及管理：可采用观叶类营养液浇灌，春秋季营养液保持正常浓度，7天更换营养液1次，冬季休眠期可以稀一些。15天更新营养液1次。pH5.5～6.8，浸没根部2/3。

④ 通常室内培养可放置在光线较充足的朝南窗前，夏季应在中午前后要注意适当遮阳。

⑤ 夏季叶面要多喷水，冬季保持相对干燥。

应用与保健 叶深绿色，条纹状叶脉洁白、明亮，金字塔形的黄色花苞鲜艳、奇特，是一种既可观叶，又能赏花的优良室内盆栽花卉，可用于布置客厅、餐厅、书房案头、窗台、阳台等处。可起到一定的净化空气的作用。

55 镜面草

金钱草、一点金、镜面掌

荨麻科　冷水花属 *Pilea peperomioides*

水培容易度　★★★★★

光照强度　

产地分布 全国各地均有栽培。

识别要点 叶近圆形，直径5～8cm，绿色有光泽，幼叶稍内卷，渐平展，叶柄呈盾状着生于叶片中央。

生态习性 喜适度遮阴的环境，可在光线充足室内生长。喜温暖湿润，较耐寒，生长适温约20℃，零度以下受冻，耐粗放管理。

水培管理

① 诱导生根：将土栽植株脱盆、去土，洗干净根系。将根系浸入自来水的容器中，并加少量多菌灵水溶液防腐消毒，诱导水生根系生长。

② 容器：选择浅口的玻璃容器，用陶粒等锚定植株。

③ 营养液及管理：水生根系长出后，可适当添加稀释后营养液。每7～10天加清水1次，20～30天更新1次营养液。较耐水湿，根系可直接浸没营养液中。

应用与保健 叶片形若一面面小镜，密集着生茎上，叶柄长短不一，向四周伸展，全株外观丰满圆整。具有较强耐阴性，叶色光亮，株形优美，可作室内观叶植物，具有很高的观赏价值。能够吸收苯、甲醛、三氯乙烯等有害物质。

56 孔雀蔺

千头翁

莎草科　藨草属 *Scirpus cernuus*

水培容易度　★★★★★

光照强度 

产地分布 原产欧洲。

识别要点 株高20～30cm，茎细圆柱状，丛生，先端常着生褐色小花。

生态习性 喜光，适度遮阴也能生长，喜温暖，生长适温15～25℃。

水培管理

① 诱导生根：将土栽植株脱盆、去土，洗干净根系。将根系浸入自来水的容器中，并加少量多菌灵水溶液防腐消毒，诱导水生根系生长。

② 容器：选择高脚浅口的玻璃容器，用陶粒等锚定植株。

③ 营养液及管理：每7～10天加清水

1次，20～30天更新1次营养液。较耐水湿，根系可直接浸没营养液中。

应用与保健 茎细如丝，四季常青，风姿优雅，可作为室内案头摆饰，具有很高的观赏价值。可以吸收室内有害气体。

57 一叶兰

蜘蛛抱蛋

百合科 蜘蛛抱蛋属 *Aspidistra elatior*

水培容易度 

光照强度 

产地分布 原产我国海南岛、台湾、福建、广东等地。

识别要点 地下部具有粗壮根茎，叶柄直接从地下茎上长出，一柄一叶，带有挺直修长叶柄的片片绿叶拔地而起，故名一叶兰。因其果实极似蜘蛛卵，又名蜘蛛抱蛋。

生态习性 生长时期喜温暖的环境，但有较强的耐寒力，冬季可放在冷凉处，但应避免霜冻，最好在5℃以上。

水培管理

① 容器：一叶兰对水培容器要求不高，玻璃容器均适用。

一叶兰

② 移栽：从匍匐茎处切下3～5个叶片，最好带有新芽，直接将植株浸入具有营养液的容器中，让其自然生长。

③ 营养液及管理：可选用日本园试营养液，水培初期可适当稀一些。一叶兰茎短根壮，叶片挺直修长，耗营养液不多。夏季每7～10天加清水1次，30～60天更新1次营养液，pH5.5～6。

④ 营养液开始液位不可过高，刚浸没根系即可。随着根系的伸长并在粗壮的主根上长出肉质须根后，可适当降低液位，浸没根系2/3。

常见问题 主要有叶枯病危害，发病初期,每隔半月用50%多菌灵1000倍液喷洒2次。

应用与保健 一叶兰能清除甲醛，吸收二氧化碳、氟化氢，净化居室环境，适合放在新装修房间内。室内可陈设在窗台、书桌上，摆放在客厅会很大气、美观，也可以放在卧室里。中医以根状茎成分入药，四季可采，晒干或鲜用。能活血散瘀，补虚止咳。有助于治跌打损伤、风湿筋骨痛、腰痛、肺虚咳嗽。

58 绿巨人

一帆风顺、巨叶大白掌、玛娜洛苞叶芋、大银苞芋

天南星科 苞叶芋属 *Spathiphyllum mauna*

水培容易度 ★★★★

光照强度 

产地分布 原产南美洲热带地区。

识别要点 常绿多年生草本。株形似白鹤芋，但较硕大，高可达1.2m，且常单茎生长，不易长侧芽，叶墨绿色，有光泽，宽厚挺拔，叶长40～50cm，宽20～25cm。品种有圆叶、尖叶之分，以圆叶种为佳。种植1.5～2年后开花，白色苞叶大型，宽10～12cm，长30～35cm，花期可达2月余。

生态习性 喜温畏寒，喜阴怕晒，喜湿忌干，生长适温为18～25℃，5℃左右的短暂低温对其没有直接影响，30℃或稍高些温度时只要不日晒，提供阴翳环境，经予充足水分亦可安全生长。它对温度的适应范围较广，在热带、亚热带地区均可生长。

水培管理

① 绿巨人株形大，生长健壮，定

植杯应选择大型、稳定性好的容器。

② 将土栽植株脱盆、去土，洗干净根系。将根系2/3浸入装自来水的容器中，并加少量多菌灵水溶液防腐消毒，诱导水生根系生长。

③ 生长期间每15天更新1次营养液。根系2/3浸没水中。经常向叶面喷水，空气相对湿度保持在50%以上。

④ 夏季需放于适当遮阳处，避免阳光直射，散射光较好。但如长期荫翳，不易形成花芽。冬季室温应保持15℃以上。低于10℃，则叶片脱落或呈焦黄状。

常见问题 绿巨人抗病虫能力较强，不易发生病害，但处于旺盛生长期的绿巨人叶色浓绿，容易吸引趋绿害虫，如斜纹夜蛾产卵为害；在通风不良时偶尔可见蚜虫和绿椿象为害心叶幼嫩部分，造成叶片生长畸形，或缺刻、或褐斑，影响观赏价值和植株的正常生长，人工捕杀防治。

应用与保健 绿巨人清秀端庄，终年翠绿，且极耐阴，宜点缀客厅墙隅等处。可吸收空气中的氨气、丙酮、苯和甲醛，有利于保持空气的清新。

59 露蔸树

林投

露蔸树科 露蔸树属 *Pandanus tectorius*

水培容易度 

光照强度 

产地分布 原产于马达加斯加岛。

识别要点 叶片丛生于茎枝顶部，呈螺旋状着生，剑状披针形，叶缘及主脉基部具锐钩刺。叶色大多全绿。

品种类型 常见的如下。

① 红刺露蔸树，剑状披针形，一般长80～120cm，宽4～8cm，叶缘及主脉基部具红色锐钩刺。

② 斑叶露蔸树，剑叶边缘具黄白色边。

生态习性 性强健，喜阳光充足，耐阴，耐旱也耐湿，喜高温多湿，喜肥，生长期最适温度23～32℃，冬季要温暖避风，不应低于10℃。

水培管理

① 容器：因露蔸树叶片螺旋状着生，植株较细长，圆形、方形玻璃容器均适用。

② 诱导生根：将土栽植株脱盆、去土，洗干净根系，直接将根系浸入装自来水的容器中，并加少量多菌灵水溶液防腐消毒，诱导水生根系生长。

③ 营养液管理：根系长出后，可适当添加稀释后营养液。露蔸树耗营养液不多。每7～10天加清水1次，20～30天更新1次营养液，pH5.5～6。

④ 营养液开始液位不可过高，刚浸没根系即可。

常见问题 种病虫害较少，通风不良易着生介壳虫，可直接用牙刷蘸肥皂水刷除。

应用与保健 植株具特殊的支持根，形态奇特。叶螺旋着生，叶缘及主脉基部带刺钩。植株挺拔飘逸，是优良的室内观叶植物。根可治感冒发热、眼热疼痛；叶芽可治烂脚；果可补脾胃、固元气、解酒毒，主治肝热虚火、肝硬化。

60 国王椰子

佛竹、密节竹

棕榈科 溪棕属 *Ravenea rivularis*

水培容易度 

光照强度 

产地分布 原产马达加斯加。

识别要点 植株高大，单茎通直，成株高9～12m，最高可达25m，直径可达80cm，表面光滑，密布叶鞘脱落后留下的轮纹。

生态习性 生于沼泽及河流沿岸，雨水和阳光充足地区。性喜光照充足、水分充足的环境，也较耐寒、耐阴。

水培管理

① 洗净根系泥土，植入营养钵内，用陶粒、岩棉等基质固定植株，下部浸入水中。

② 生新根后，选用观叶植物营养

液，15天更换1次营养液。5～9月为生长期，置于散射光的背阴地养护。夏季生长旺盛，及时补充水分，并多喷水，清除旁生枯萎枝叶。随时剪除枯叶和断叶，保持植株清新悦目。

常见问题 易得叶斑病，起初只是米粒大的黄色小斑点，用800倍多菌灵液进行叶面喷雾，隔10～15天1次即可。

应用与保健 性耐阴，故十分适宜作室内盆栽，装饰客厅、书房、会议室、宾馆服务台等室内环境，可使室内增添热带风光的气氛和韵味。有净化空气的作用。园林上可作庭园配置、行道树或作盆栽观赏。

61 昆士兰伞树

昆石兰遮树、澳洲鸭脚木、方式叶鹅掌柴、伞树

五加科 鸭脚木属 *Schefflera actinophylla*

水培容易度 ★★★

光照强度 

产地分布 原产澳大利亚及太平洋中的一些岛屿。

识别要点 茎秆直立，少分枝。叶为掌状复叶，小叶数随树木的年龄而异，叶柄红褐色。

生态习性 喜温暖湿润、通风和明亮光照，安全越冬温度8℃，应注意越冬期间的保暖工作。夏季忌阳光直射，适宜遮阳为30%～40%。烈日曝晒时叶片会失去光泽并灼伤枯黄；过阴时则会引起落叶。

水培管理

① 容器：因昆士兰伞树植株大、叶片掌状，宜选用稳定性较好的大型圆形、方形玻璃容器。

② 移栽：将土栽植株脱盆、去土，

洗干净根系。将部分须根剪除，然后将根系穿过枯落物盘浸入装自来水的容器中，并加少量多菌灵水溶液防腐消毒，诱导水生根系生长。上部用陶粒或石砾固定植株。

③ 营养液及管理：水生根系长出后，可适当添加稀释后的营养液。夏天4～5天加水1次，冬季10～20天加清水1次，20～30天更新1次营养液，pH5.5。

④ 营养液开始液位不可过高，浸没根系1/3～1/2即可。

⑤ 生长期间应经常进行叶面喷雾，空气干燥叶片会褪绿黄化。

常见问题 昆士兰伞树的病害较少，虫害主要有红蜘蛛、介壳虫。防治方法同鹅掌柴。

应用与保健 叶片阔大，柔软下垂，形似伞状，株形优雅轻盈，属优良中大型观叶植物，适于客厅的墙隅与沙发旁边置放。

62 ‘斜纹’亮丝草

天南星科 广东万年青属 *Aglaonema* ‘San Remo’

水培容易度 ★★★★

光照强度 

产地分布 原产热带非洲、菲律宾、马来西亚。

识别要点 叶子偏狭长形，叶主脉两侧具不规则白色斑纹。

生态习性 耐半阴，忌日光过分强烈，但光线过暗也会导致叶片褪色。喜水湿，3～8 月生长期要多浇水。夏季需经常洒水，增加环境湿度。喜高温，不耐寒，生长适温20～30℃。最低越冬温度在12℃以上。

水培管理

① 诱导生根：将土栽植株脱盆、去土，洗干净根系。将根系2/3浸入装

自来水的容器中，并加少量多菌灵水溶液防腐消毒，诱导水生根系生长。或者剪取茎段后直接浸入清水中，诱导生根。

② 容器：选择高型玻璃容器。

③ 营养液及管理：水生根系长出后，可适当添加稀释后营养液。每7～10天加清水1次，20～30天更新1次营养液。‘斜纹’亮丝草较耐水湿，根系可直接浸没于营养液中。

常见问题 常有细菌性叶斑病和炭疽病危害，可定期喷洒波尔多液防治。

应用与保健 优美典雅的室内观叶植物，具有很高的观赏价值。适合庭园边缘栽培，作地被或盆栽作室内植物。

温馨提示 全株有毒，不可误食，误食会引起口舌发炎、胃痛、腹泻等，应立即到医院诊治。

63 ‘中银’亮丝草

天南星科 广东万年青属 *Aglaonema* ‘Pattaya Beauty’

水培容易度 ★★★★

光照强度 

产地分布 原产热带非洲、菲律宾、马来西亚。

识别要点 叶子偏狭长形，叶脉两侧有带状白色斑纹。

生态习性 耐半阴，忌日光过分强烈，但光线过暗也会导致叶片褪色。喜水湿，3～8月生长期要多浇水。夏季需经常洒水，增加环境湿度。喜高温，不耐寒，生长适温20～30℃。最低越冬温度在15℃以上。

水培管理

① 诱导生根：将土栽植株脱盆、去土，洗干净根系。将根系2/3浸入装自来水的容器中，并加少量多菌灵水

溶液防腐消毒，诱导水生根系生长。

② 容器：选择高型玻璃容器。

③ 营养液及管理：水生根系长出后，可适当添加稀释后营养液。每7～10天加清水1次，20～30天更新1次营养液。‘中银’亮丝草较耐水湿，根系可直接浸没于营养液中。

常见问题 常有细菌性叶斑病和炭疽病危害，可定期喷洒波尔多液防治。

应用与保健 优美典雅的室内观叶植物，具有很高的观赏价值。

64 鸟巢蕨

巢蕨、山苏花、王冠蕨

铁角蕨科 巢蕨属 *Asplenium antiquum*

水培容易度 

光照强度 

产地分布 原产于热带、亚热带地区，我国广东、广西、海南和云南等地均有分布。

识别要点 株形呈漏斗状或鸟巢状，株高60～120cm。柄粗壮而密生大团海绵状须根，能吸收大量水分。叶簇生，辐射状排列于根状茎顶部，中空如巢形结构，能收集落叶及鸟粪；革质叶阔披针形，孢子囊群长条形，生于叶背侧脉上侧，达叶片的1/2。

生态习性

喜温暖、潮湿和较强散射光的半阴条件。在高温多湿条件下终年可以生长，其生长最适温度为20～22℃。不耐寒，冬季越冬温度为5℃。

水培管理

① 容器：因鸟巢蕨植株中等，叶片宽大，应选各种中型玻璃容器。

② 移栽：将土栽植株脱盆、去土，洗干净根系，直接将根系1/3浸入装自来水的容器中，并加少量多菌灵水溶液防腐消毒，诱导水生根系生长。

③ 营养液及管理：根系长出后，可适当添加稀释后营养液。夏季每3～4天加清水1次，冬季15～20天加水1次，20～30天更新1次营养液，pH5.5～6。

④ 因鸟巢蕨多为附生生长，营养液开始液位不可过高，根系1～2cm浸入即可。

⑤ 春季和夏季的生长盛期需经常向叶面喷水，以保持叶面光洁。一般空气湿度以保持70%～80%较适宜。

常见问题 养护管理较为粗放，抗病虫害能力极强，通常只要水分掌握适当，不要过干、过湿，一般不会受病虫害侵染。

应用与保健 较大型的阴生观叶植物，悬吊于室内也别具热带情调；植于热带园林树木下或假山岩石上，可增添野趣；盆栽的小型植株用于布置明亮的客厅、会议室及书房、卧室，也显得小巧玲珑、端庄美丽。还可以净化二氧化碳。

65 金心薹草

莎草科 薹草属 *Carex tristachya*

水培容易度 ★★★

光照强度 

产地分布 原种为广布种

识别要点 多年生草本。叶线形，宽1～3mm，叶具黄色斑纹。

品种类型 本属约1300种，如寸草苔、粗喙苔草、黑穗苔草、黑花苔草等。

生态习性 喜光、喜潮湿，多生长于山坡、沼泽、林下湿地或湖边。

水培管理

① 直接将土栽植株去土，洗干净根系。将根系2/3浸入装自来水的容器中，并加少量多菌灵水溶液防腐消毒，诱导水生根系生长。

② 15天更新1次营养液；营养液深度以能浸没根系的全部为好。

③ 在室内水养，宜放置在南向窗户附近，保持较强光照，否则斑纹易变淡。

④ 温度过高，干燥天气，还应向植株喷水湿、降温。

常见问题 金心苔草生长要求通风良好的环境，如通风不良易发生介壳虫。若少量发生，应及时人工刮除，若数量较大防治方法见病虫害防治，同时注意通风透气，及时修剪枯叶。

应用与保健 金心苔草叶片具黄色条状斑纹，在观叶植物中非常有特色，适宜盆栽或吊盆种植，装饰美化居室或厅堂环境。适应性强，可吸收室内有害气体。

66 六月雪

茜草科 六月雪属 *Serissa serissoides*

水培容易度 ★★

光照强度 

产地分布 原产于我国江南各地，从江苏到广东都有野生分布。

识别要点 常绿或半常绿矮生小灌木。株高不及2m，嫩枝绿色有微毛，揉之有臭味。叶对生或成簇生小枝上。花白色带红晕或淡粉紫色，花期5～6月。

品种类型

① 阴木：较原种矮小，叶质厚，小枝直立向上生长，叶较细小，密集小枝端部，花较稀疏。

② 复瓣六月雪：花蕾形尖，淡紫色，花开时转为白色，花重瓣，质较厚。

③ 重瓣阴木：花重瓣。

④ 金边六月雪：叶缘有金黄色狭边。

生态习性 性喜阳光，也较耐阴，忌狂风烈日。对温度要求不严，在华南为常绿，西南为半常绿。耐旱力强，对土壤要求不严。盆栽宜用含腐殖质、疏松肥沃、通透性强的微酸性、湿润培养土，生长良好。

水培管理

① 容器：因六月雪植株小，宜选用中小型玻璃容器。

② 移栽：将土栽植株脱盆、去土，洗干净根系。将部分须根剪除，然后将根系穿过种植盘浸入装自来水的容器中，并加少量多菌灵水溶液防腐消毒，诱导水生根系生长。上部用陶粒或石砾固定植株。

③ 营养液及管理：水生根系长出后，可适当添加稀释后营养液。夏天4～5天加水1次，冬季10～20天加清水1次，20～30天更新1次营养液，pH5.5。

④ 营养液开始液位不可过高，浸没根系1/3～1/2即可。

⑤ 光线要充足，但不能强光直射。

⑥ 夏季高温干燥时，除每天浇水外，早晚应用清水淋洒叶面及附近地面，以降温并增加空气湿度。

常见问题 偶有蚜虫为害，可自配药物喷雾杀灭，见基础篇“病虫防治”。

应用与保健 六月雪树形和叶形优美，非常雅致。适合盆栽观赏，常用于居室、厅堂和会场布置。根、茎、叶均可入药。淡、微辛，凉。舒肝解郁，清热利湿，消肿拔毒，止咳化痰。用于急性肝炎、风湿腰腿痛、痈肿恶疮、蛇咬伤、脾虚泄泻、小儿疳积等。

67 莲花竹

竹蕉、万年竹

百合科 龙血树属 *Dracaena Sanderiana*

水培容易度 

光照强度 

产地分布 原产非洲热带地区。

识别要点 常绿直立灌木，茎、叶似竹，多为绿色。

品种类型 为栽培品种。

生态习性 喜温暖环境，生长最适温度18～24℃，低于13℃生长停止，进入休眠，越冬最低温度10℃以上；极耐阴，在弱光下仍能生长健壮，非常适合居室养护观赏。

水培管理

① 容器：因莲花竹茎秆粗大笔直，容器选细口瓶（单枝插）或口径15cm左右的无底孔容器。

② 诱导新根：入瓶前要将插条基部叶片除去，并用利刀将基部切成斜口，刀口要

平滑。每3～4天，换1次清水，可放入几块小木炭防腐，10天内不要移动位置和改变方向，约15天左右即可长出须根。

③ 水分管理：生根及时加水，加的水最好是用井水，用自来水要先用器皿储存1天，水要保持清洁、新鲜，不能用硬水或混有油质的水，否则容易烂根。

④ 营养液处理：水养莲花竹最好每隔3周左右向瓶内加少量营养液，定期用啤酒擦叶片能使叶片保持翠绿。夏季应适当降低营养液浓度至原配方的1/6～1/5，7天左右更新1次，冬季可酌情延长营养液更换时间。营养液应浸没根系的3/4，冬季可至1/2。

常见问题 养护中如有烂茎、烂根，应及时剔除，并用75%百菌清1000倍水溶液浸泡根部30min，用清水冲洗后继续水养。

应用与保健 莲花竹茎叶纤秀，柔美优雅，富有竹韵，观赏价值很高，用于布置书房、客厅、卧室等处，可置于案头、茶几和台面上，显得富贵典雅，玲珑别致，耐欣赏。莲花竹可吸收空气中的有害气体。

68 花叶络石

石龙藤

夹竹桃科 络石属 *Trachelospermum jasminoides* 'Flame'

水培容易度 ★★

光照强度

产地分布 产于长江流域以南，分布广。

识别要点 常绿木质藤蔓植物，茎有不明显皮孔。小枝、嫩叶柄及叶背面被短柔毛，老枝叶无毛。叶革质，椭圆形至卵状椭圆形或宽倒卵形，长2～6cm，宽1～3cm。老叶近绿

色或淡绿色，第一轮新叶粉红色，少数有2～3对粉红叶，第二至第三对为纯白色叶，在纯白叶与老绿叶间有数对斑状花叶，整株叶色丰富。

品种类型 为栽培品种。

生态习性 强耐阴植物，喜空气湿度较大，性强健，抗病能力强，生长旺盛，又具有较强的耐干旱及抗短期洪涝、抗寒能力。

水培管理

① 容器：因植株细蔓性，容器选有种植盘的细口瓶。

② 诱导新根：入瓶前要将插条基部叶片除去，并用利刀将基部切成斜口，刀口要平滑。每3～4天换1次清水，10天内不要移动位置和改变方向，10～15天左右即可长出须根。

③ 水分管理：生根及时加水，水要保持清洁、新鲜，不能用硬水或混有油质的水，否则容易烂根。

④ 营养液处理：水养花叶络石最好每隔3周左右向瓶内加少量营养液，夏季应适当降低营养液浓度至原配方的1/6～1/5，7天左右更新1次，冬季可酌情延长营养液更换时间。营养液应浸没根系的3/4，冬季可至1/2。

常见问题 养护中如有烂茎、烂根，应及时剔除，并用75％百菌清1000倍水溶液浸泡根部30min，用清水冲洗后继续水养。

应用与保健 花叶络石枝叶纤秀，柔美优雅，观赏价值很高，而且极耐阴，适合用于布置书房、客厅、卧室等处，可置于案头、茶几和台面上，显得富贵典雅，玲珑别致。

69 垂叶榕

垂榕、白榕、垂枝榕

桑科 榕属 *Ficus benjamina*

水培容易度 

光照强度 

产地分布 原产于亚洲热带地区。

识别要点 为常绿乔木，高可达6m，盆栽市场呈灌木状。幼枝淡绿色，后呈灰白色或棕褐色，树干易生气生根，小枝柔软下垂，全株具乳汁。

品种类型 常见栽培品种：黄果垂榕（*F. benjamina* var. nuda），枝条细软下垂，叶小而细长，常用于吊盆观赏；斑叶垂榕‘Variegata’，叶面有黄绿相杂的斑纹；‘花叶’垂榕（Goldenprincess），叶卵形，叶脉及叶缘具不规则的黄色斑块。另外，荷兰还选育了‘迷你星’‘Ministar’、‘迷你黄金’‘Minigold’、‘奇异’

‘Exoti-ca’、‘黄金之王’‘Goldenking’、‘星光’‘Starlight’和‘夏威夷’‘Hawaii’等新品种。

生态习性 喜高温湿润和光亮的环境，忌低温干燥，耐阴性强，安全越冬温度5℃。

水培管理

① 植株较大，宜选用带定植杯的玻璃容器。

② 选取株形较好的小型土培植株，洗根、浸入水中1/2，诱导水生根。水培初期每2～3天加清水1次，2周后逐渐长出水生根。也可于5～9月截取生长健壮的枝梢，去除基部叶片并晾干切口后直接水插。

③ 生根后移到玻璃容器中，在种植杯中加入陶粒固定植株。

④ 当植株完全适应水培环境时移至光线充足处，加入观叶植物营养液进行养护，每2周换1次营养液。

常见问题 常见叶斑病危害，用达克宁、皮康王软膏涂抹，疗效极佳。生长期有红蜘蛛危害，用0.1kg草木灰加水5kg稀释，浸泡一昼夜后用过滤液喷施，或者取紫皮大蒜250g，加水浸泡30min，捣烂取汁，加水稀释10倍左右喷洒，或200～300倍液的洗衣粉液喷洒。

应用与保健 树姿优雅，终年叶片碧绿、光亮，叶色清新，适合盆栽观赏。耐阴性较强，常布置于厅、堂等处装饰。气根、树皮、叶芽、果实能清热解毒、祛风、凉血等。此外，垂叶榕还可以净化空气，充当装饰品。

70 金边竹蕉

龙舌兰科 竹蕉属 *Dracaena deremensis*

水培容易度 ★★★

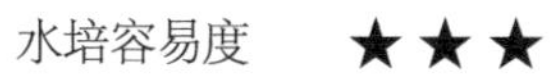

光照强度 

产地分布 全国各地均有栽培。

识别要点 常绿灌木，叶条形，边缘有金黄色边。

生态习性 耐阴，抗干旱能力强，耐粗放管理。

水培管理

① 诱导生根：将土栽植株脱盆、去土，洗干净根系。将根系2/3浸入装自来水的容器中，并加少量多菌灵水溶液防腐消毒，诱导水生根系生长。或者切去根系，将茎段插入水中也可诱导根系。

② 容器：选择有定植杯的玻璃容器，用陶粒等锚定植株。

③ 营养液及管理：水生根系长出后，可适当添加稀释后营养液。每7～10天加清水1次，20～30天更新1次营养液。较耐水湿，根系可直接浸没于营养液中。

应用与保健 具有较强耐阴性，叶色鲜艳，株形优美，可作室内观叶植物，具有很高的观赏价值。净化空气效果显著。

观花类花卉

1 君子兰

箭叶石蒜、大叶石蒜、大花君子兰、达木兰

石蒜科　君子兰属 *Clivia nobilis*

水培容易度 

光照强度 

产地分布 原产于非洲南部。

识别要点 多年生常绿草本花卉，叶革质互生（迭生）呈宽带状；根粗大肉质；花色有黄色、橙色，橙红等，花期11月至翌年5月。

生态习性 喜温暖湿润的环境。生长适温为20～25℃，开花适温为15～20℃。夏季要凉爽，怕阳光直晒，要适当遮阳，冬季喜温暖光照充足的环境。

水培管理

① 容器：因君子兰根系直立粗壮，应选择高型容器。

② 移栽：将根系的泥土洗净，从定植孔伸进营养液中，浸没1/2的根系，遮光有利于新根的生长。

③ 将植株放在室内光线较强处，植株养护过程中，切忌经常搬动，否则影响开花。

常见问题 白绢病、炭疽病，用达克宁、皮康王软膏涂抹，疗效极佳。

应用与保健 君子兰美观、挺拔，观赏性强，呈花叶兼赏的盆栽花卉。君子兰能释放大量的氧气，是家庭“氧吧”。 君子兰还有着很高的药用价值，全株可以入药。可用来治疗癌症、肝炎、肝硬化腹水等症，还能吸收大量粉尘、灰尘和有害气体。君子兰叶片宽厚，通过光合作用能吸收大量二氧化碳，释放氧气，是一般植物释放量的几十倍。

2 铁兰

紫花凤梨、紫花木柄凤梨、空气凤梨

凤梨科　铁兰属 *Tillandsia cyanea*

水培容易度　★★★

光照强度　

产地分布 原产美洲热带地区的危地马拉、厄瓜多尔。

识别要点 无茎，叶片呈莲座状丛生，叶窄长，质硬，灰绿色。苞片二列，对称互叠，粉红色或红色。苞片间开出蓝紫色的小花，可多达20朵。

生态习性 喜明亮的漫射光，怕阳光直射。喜温热气候，生长适温为20～32℃；冬季18～20℃，最低不低过10℃，也可耐较短时间的5℃低温。喜湿度较高的环

境，要求空气相对湿度60%以上。喜排水良好的土壤。

水培管理

① 从盆中脱出，用水冲洗根部土壤，消毒后，将根系1/2浸泡水中，促进发新根。

② 营养液管理：根系先端伸入到营养液里，营养液选用园试配方1/2浓度，pH5.8，10天更新1次营养液。

③ 光照：生长期需充足的阳光，叶面需经常喷水，叶色更加清新有光泽。

常见问题 常见介壳虫为害，在孵化期用1%氧化乐果和25%亚胺硫磷乳油1000倍液，每周喷洒1次。治标要治本，盆钵要稀密适当，高低摆放，增加透气通风，减少病害发生。

应用与保健 铁兰叶片狭窄似兰叶，苞片交叠成扇状，苞片间蓝紫色的花大而美丽，是一种花叶俱佳的观赏植物。管理简单，为忙碌的城市人节省不少料理植物的时间，又达到绿化环境的效果，很受人们喜爱。铁兰可吸收空气中的二氧化碳、甲醛、苯、甲苯等。

3 红掌

安祖花、火鹤花、红褐芋、红掌

天南星科　花烛属 *Anthurium andraeanum*

水培容易度 

光照强度 

产地分布 原产于南美洲哥伦比亚西南部热带雨林。

识别要点 多年生附生常绿草本植物。叶长椭圆状，心形，鲜绿色；佛焰苞有光泽革质猩红色；花序圆柱形，稍下弯。金黄色，基部象牙白色，雌雄花均无柄。条件适宜终年开花。

适栽品种类型 主要园艺品种有‘可爱’花烛、‘克氏’花烛、‘大苞’花烛、‘红苞’花烛、‘红绿’花烛、‘粉绿’花烛。

生态习性 性喜高温高湿的环境。生长适温20～30℃，最低10℃左右停止生长。不耐干燥，适宜的空气相对湿度80%以上，不耐强光照射，全年宜在适当遮阳的弱光下生长，冬季可适当增加光照，以利于根系发育，生长健壮。不耐盐碱。

水培管理

① 盆具选择质地坚实的塑料盆、传统瓷质工艺盆、玻璃瓶等。

② 将植株根系洗净，以海绵等质地柔软的物质挟裹根际植入定植杯，将根系1/3～3/4浸入营养液中。

③ 花烛在室内盆栽，夏季应注意遮阳，并经常向植株及周围洒水以增加空气湿度，同时调节气温，不使其过高，冬季保持10℃以上即可。10～15天更换1次营养液，同时应经常冲洗根系保持清洁。

常见问题 炭疽病是红掌常见病害之一。高湿是发生该病的主要原因。防治方法为药剂防治和加强栽培管理，要经常通风透光，避免浇水或空调冷凝水溅在叶片上，及时摘除病叶。

应用与保健 花朵独特，为佛焰苞，色泽鲜艳华丽，色彩丰富，是世界名贵花卉。花期长，切花水养可长达 1 个月，切叶可作插花的配叶。可作室内盆栽，盆栽单花期可长达4～6个月。红掌可吸收空气中对人体有害的苯、三氯乙烯，有净化空气的作用。红掌红色的苞片长在叶片上方有鸿运当头的寓意，红色的苞片之中又有一根金黄色的花序，寓意手中有金（钱）。

4 仙客来

萝卜海棠、兔耳花、一品冠

报春花科　仙客来属 *Cyclamen persicum*

水培容易度　★★

光照强度

产地分布 原产于希腊至叙利亚地中海沿岸的山地。

识别要点 多年生宿根草本植物。花有紫红、绯红、玫瑰红、淡红、雪青及白色等。蒴果，圆形。

生态习性 性喜光和冷凉、湿润环境。生长最适温度为10～20℃。不耐高温，30℃以上植株停止生长进入休眠，35℃以上球茎易腐烂、死亡。耐低温，但5℃以下生长缓慢，叶卷曲，花不舒展，色泽暗淡，开花也少。

水培管理

① 8月下旬在仙客来休眠后恢复生长前，选择球茎在3cm以上、10片以上叶子、无

病虫害、生长健康的植株挖出洗根后用作水培。

② 容器：一般3cm以上的球茎选用直径15cm以上的容器。将待移栽的球茎用泡沫塑料、陶粒、水苔或蛭石锚定在定植杯中，将球茎的1/3露出，不能埋没生长点，穿出的根系浸入营养液中。从土培或基质培转为水培，宜缓苗1周。1周后早晚见光，1个月后全日见光。营养液高度以浸没根系的1/2为宜。

③ 营养液：选用园试营养液，浓度为标准浓度的1/2左右，pH6～7。25～30天更新1次。

④ 快速生长阶段是高温、高湿期，注意喷洒多菌灵、托布津、乐果等杀虫剂，每月喷1次。

常见问题 仙客来主要病虫害有灰霉病、棉蚜、桃蚜、叶螨等。仙客来灰霉病是温室中常见病害。加强温室通风，适当减低湿度。浇水不宜太多且不宜直接浇于叶面。在养护管理时避免造成伤口，以防病菌侵入；及时清除病株、病叶，减少病菌来源。防治方法：发病前喷施保护性杀菌剂，如绿得保600～800倍液；利用黄板诱杀蚜虫，由于蚜虫对黄色的趋性，涂不干性粘胶黄色塑料板可诱杀大量的有翅蚜。

应用与保健 仙客来花形奇特，花叶并赏，花色丰富，品种多样，花期可从冬至夏，是美化环境的优良植物。可以净化空气，清洁、迷人，比较适合在窗台等阳光充足处水养观赏。

仙客来叶片能吸收二氧化硫，并经过氧化作用将其转化为无毒或低毒的硫酸盐等物质。

仙客来的花名寓意有迎接贵客、祈求好运降临的吉祥意义。将其摆放在客厅，能让来访的客人感受到主人的欢迎。

5 麝香百合

铁炮百合、龙牙百合

百合科　百合属 *Lilium longiflorum*

水培容易度 

光照强度 

产地分布 麝香百合的产地有日本、中国。

识别要点 多年生草本，株高50～100cm，花数朵顶生，具淡绿色长的花筒，花被6片，前部外翻呈喇叭状，乳白色，极香，花期6～7月。

生态习性 喜温暖而不耐寒，要求强烈的光照条件，如光照弱，会减少开花，喜微酸性。

水培管理

① 选择发育充实、健壮、均匀而无病的大球品种，以保证开花整齐一致。

② 选用敦实、美观大方的定植杯，因植株较高，定植杯口径以株高的

1/5为宜，不至于头重脚轻。以陶粒、彩石、透明玻璃珠等为固定介质，将鳞茎固定。根系2/3浸入液体里。切忌将鳞茎浸没营养液中。

③ 水培营养液可采用市售观花营养液，初植时营养液浓度要低，可将其稀释至营养液说明书要求浓度的1/4，至花朵盛开时营养液浓度可适当增至1/2，开花后减至1/5。

④ 水培期间将植物置于光照充足的南向窗台摆放，能使花期延长。

常见问题 易患叶枯病，防治为避免密植，合理施肥，不要让昼夜温差过大。发病初每10天用75%的百菌清可湿性粉剂1000倍液喷洒1次，共用药2～3次。

应用与保健 麝香百合，淡雅有致，清香袭人，是重要的切花，可布置花坛、花径、园林小品或盆栽观赏。能够吸收空气中的一氧化碳、二氧化硫。

6 风信子

洋水仙、西洋水仙、五色水仙

百合科　风信子属 *Hyacinthus orientalia*

水培容易度　★★★★★

光照强度　

产地分布 东南欧、非洲南部、地中海东部沿岸及土耳其小亚细亚一带。

识别要点 多年生草本。鳞茎卵形，有膜质外皮。总状花序顶生，花5～20朵，花被筒长，有紫、白、红、黄、粉、蓝等色。

生态习性 喜冬季温暖湿润、夏季凉爽稍干燥、阳光充足或半阴的环境。

水培管理

① 诱导生根：可在12月将种头放在阔口有格的玻璃瓶内，加入少许木炭以帮助消毒和防腐。营养液仅浸至球底便可，然后放置到阴暗的地方，并用黑布遮住瓶子。这样经过20天后，根部便在全黑的环境下长出，这时可拿出室外让它接受阳光照射。

② 容器：还有许多家庭把风信子养在一个

特制的像葫芦般的玻璃瓶里，在上段可以观赏到它的花簇，在下段可以看到它一束粗壮的白根。

③ 生根后每天照光1～2h，再逐步增至7～8h，到春节便可开花了。

常见问题 腐朽菌核危害幼苗和鳞茎，碎色花瓣病危害花朵，茎线虫病危害地上部。鳞茎收藏时，剔除受伤或有病鳞茎，储藏鳞茎时室内要通风。

应用与保健 风信子植株低矮整齐，花序端庄，花色丰富，花姿美丽，色彩绚丽，在光洁鲜嫩的绿叶衬托下，恬静典雅，是早春开花的著名球根花卉之一，适于室内水养观赏也可布置花坛、花境，也可作切花。

风信子能吸收空气中的二氧化碳，净化空气，同时释放的香气能够舒缓身心，使人身心愉悦。

7 蝴蝶兰

蝶兰

兰科　蝴蝶兰属 *Phalaenopsis spp*

水培容易度　

光照强度　

产地分布 亚洲与大洋洲热带和亚热带地区，多生于热带森林。

识别要点 蝴蝶兰别名蝶兰，为多年生常绿附生草本植物。市场上商品蝴蝶兰均为杂交培育的优良品系，多为大花型和多花型品种。杂种优势明显，花形丰满、优美，色彩艳丽，花期长，生长势强健，容易栽培。蝴蝶兰茎甚短，每年从顶部长出新叶片，花色有白、紫红、黄、微绿或花瓣上带有紫红色的条纹。

生态习性 蝴蝶兰性喜高温多湿，适生于半阴通风的环境。白天25～28℃；夜间18～20℃，幼苗23℃，15℃停止生长，32℃以上对生长不利。要求荫翳度为60%，相对湿度为70%。

水培管理

① 取材：取已孕育花芽的盆栽成年植株，小心地洗去根部机质，剪除枯根烂叶，然后定植于水培容器中，加入清水浸没1/3～1/2的根系，因其根部相当敏感，操作时要细心，加以保护，不可触动损伤，也不要加入坚硬的固体机质。

② 养护：水培初每2～3天换1次清水，因其根部为气生根，只要根系不全部浸入水中，就能很快适应水培养殖。当植株出现较强的生长势时，置散射光充足的地方，加入营养液进行培养，每3～4周换1次营养液，花前或花后在叶片上喷施0.1％的磷酸二氢钾稀溶液，可促进开花和萌发新根，夏季置阴凉通风处，避免强光直射，并常向叶面喷水。

③ 冬季和早春可接受阳光照射，如阳光不足，还可用日光灯补充光照，有利于叶片增厚和花蕾健壮。

常见问题 蝴蝶兰对低温很敏感，温度低于15℃时根部停止吸水，造成植株生理缺水，老叶变黄脱落，若气温低于10℃，则会受冻害，叶片脱落，花瓣出现褐色斑点。

应用与保健 蝴蝶兰是世界上栽培最广泛、最普及的洋兰之一，它是热带兰中的精品，素有“兰花皇后”之称。蝴蝶兰花形如蝶，清新艳丽，花期较长，盛开时好像蝴蝶翩翩飞舞。在欧美各国，蝴蝶兰的销量一直居高不下。在我国，蝴蝶兰作为高档盆花越来越受到人们喜爱。

蝴蝶兰气孔在夜间打开，可吸收二氧化碳，降低密闭室内的二氧化碳浓度。

8 马蹄莲

野芋、水芋

天南星科　马蹄莲属 *Zantedeschia aethiopica*

水培容易度　★★★★★

光照强度　

产地分布 原产埃塞俄比亚、埃及和非洲南部，现世界各地均有栽培。

识别要点 叶鲜绿色，全缘，有光泽。肉穗花序外围的白色佛焰苞呈漏斗形，花有香气。

适栽品种类型 常见品种：哥伦比布，佛焰苞白色，肉穗 花序淡黄色；高木，佛焰苞白色、肉穗花序黄色；绿女神，佛焰苞下部白色，上部绿色，中部蕊脉绿色。

生态习性 喜温暖、湿润。在冬不寒、夏不炎热的温暖、湿润环境中生长开花。喜阴环境。花后或高温期进入植株的休眠期。生长适宜的温度

15～25℃；冬季在北方要进行室内培养。温度保持在10℃左右。

水培管理

① 营养液管理：马蹄莲水培营养液可采用市售观花营养液。

② 马蹄莲生长初期，营养液浓度可控制在规定浓度的1/2；生长中后期可适当提高到规定浓度，整个生长期间，营养液pH值均要调到5.6～6.5。

③ 根系1/2～2/3浸泡在营养液即可。

④ 水培马蹄莲应摆放在室内光照较强通风处。

常见问题 马蹄莲的病虫害主要有细菌性软腐病、蚜虫、红蜘蛛等。细菌性软腐病可危害叶、叶柄和块茎，主要由块茎带菌传播，初发病时可用波尔多液500倍喷雾防治。

应用与保健 马蹄莲花叶俱佳，主要用于切花，可制作花饰、花篮、花束等，也可室内盆栽观赏，可摆放在光照较强处。

马蹄莲可药用，具有清热解毒的功效；治烫伤；预防破伤风，在创伤处用马蹄莲块茎捣烂外敷。马蹄莲有毒，禁忌内服。

马蹄莲是一种吉祥如意的花卉，摆在家里，可促进家人之间的和谐。可以放置在家中的任何地方，寓意“一帆风顺”。

9 非洲紫罗兰

非洲堇、非洲苦苣苔

苦苣苔科　非洲苦苣苔属 *Saintpaulia ionantha*

水培容易度　

光照强度　

产地分布 原产于非洲东部热带的坦桑尼亚，现世界各地广泛栽培。

识别要点 全株有毛；叶基部簇生，稍肉质，花1～6朵簇生在有长柄的聚伞花序上。

适栽品种类型 现在栽培的均为杂交种，园艺品种甚多，有上千个。有单瓣和重瓣，花色有白、粉、红和蓝等。

生态习性 性喜半阴、温暖湿润环境。生长适温20～22℃，适宜光照强度在10000～12000lx之间。夏季忌强光和高温，在栽培设施上喷洒遮阳剂或用遮阳网，遮去较强的光线，并喷水降温、增湿，但要注意良好通风。

水培管理

① 容器：因非洲紫罗兰植株较小，且叶片呈莲座状张开，宜选用带种植杯形玻璃容器。

② 移栽：将土栽植株脱盆、去土，洗干净根系，直接将根系浸入自来水的容器中，并加少量多菌灵水溶液防腐消毒，诱导水生根系生长。

常见问题 常有根腐病和冠腐病危害。可用65%敌克松600～800倍液防治。也可用多菌灵进行消毒。

应用与保健 植株矮小，四季开花，花形俊俏雅致，花色绚丽多彩。因其艳丽多姿和独特的生长习性而有“室内花卉皇后”的美称。由于其花期长、较耐阴，株形小而美观，盆栽可布置窗台、客厅，是案几良好的点缀装饰，优良的室内花卉。

非洲紫罗兰的花语——繁茂、美丽。置于家中客厅、卧室，增添温馨之感，使家庭和睦，其乐融融。

10 果子蔓

凤梨科　果子蔓属 *Guzmania lingulata*

水培容易度　★★★

光照强度　

产地分布 原产南美洲热带地区。

识别要点 此类植物的花序俯瞰形状似星星。盆栽株高30cm左右，冠幅可达80cm。花莛、苞片及靠近花莛基部的数枚叶片均呈红色，十分艳丽；在苞片之间有黄色小花；花期春季；真正的花虽开放时间比较短，但彩色的花莛和苞片保持时间甚长，观赏期可达2个月左右。

‘迪尼斯’果子蔓

适栽品种类型 同属植物约有120种，多数为附生种类，原产于南美洲热带地区。有观叶和观花种类。常见栽培种类为果子蔓又名姑氏凤梨、红杯凤梨，栽培品种有‘小红星’‘紫星’‘黄星’‘火炬’等。

生态习性 喜高温高湿的环境。正常生长温度白天20～25℃，夜间18℃，在催花时温度为25～30℃；越冬最低温度10℃以上。

水培管理

① 品种：室内栽培宜选个体较小者。

② 营养液管理：根系1/2伸入营养液里，营养液选用园试配方1/2浓度，pH5.8。20天更新1次营养液。

③ 光照：生长期需充足的阳光，阳光充足，叶色鲜艳。叶面需经常喷水，叶色更加清新有光泽。

常见问题 少见病虫害，日照过强，易导致叶片枯焦。

应用与保健 果子蔓属是一种新型而时尚的花卉，它那姿态各异和艳丽色彩的花苞以及持久的花期，吸引了不少花卉爱好者，成为年宵花市的新宠，已成为居室内花叶兼赏的著名盆栽观赏花卉。可以净化空气，使人心情愉悦。

黄星果子蔓

紫星果子蔓

11 栀子

黄栀子、山栀、白蟾

茜草科　栀子属 *Gardenia jasminoides*

水培容易度　★★★

光照强度 

产地分布 分布于江西、湖北、湖南、浙江、福建、四川。

识别要点 常绿灌木。叶对生或3叶轮生，叶片革质，长椭圆形或倒卵状披针形，花单生于枝端或叶腋，白色，芳香，花期5～7月。

适栽品种类型 大花栀子var.grandiflora Nakai. 栽培变种，花大重瓣，不结果。卵叶栀子var. ovalifolia Nakai.　叶倒卵形，先端圆。狭叶栀子var.angustifolia Nakai.　叶狭窄，野生于香港。斑叶栀子var. aureo-variegata Nakai.　叶具斑纹。

生态习性 性喜温暖湿润气候，好阳光但又不能经受强烈阳光照射，适宜生长在疏松、肥沃、排水良好、轻黏性酸性土壤中，是典型的酸性花卉。

水培管理

① 容器：宜选用稳定性较好的中小型玻璃容器。

② 可采用水插法繁殖，即将插条剪下后，浸泡在清水中，容器以不透光的为宜。也可将土生植株洗根后，将部分须根剪除，然后将根系穿过种植

大花栀子

狭叶栀子

盘浸入装自来水的容器中，并加少量多菌灵水溶液防腐消毒，诱导水生根系生长。上部用陶粒或石砾固定植株。

③ 营养液及管理：水生根系长出后，可适当添加稀释后营养液。夏天4～5天加水1次，冬季10～20天加清水1次，20～30天更新1次营养液，pH5.5。

④ 栀子相对较耐水湿，营养液可浸没根系培养。

常见问题 栀子主要病害有褐斑病、炭疽病、煤污病、根腐病、黄化病等，从3～11月都可发生，严重时植株落叶、落果或枯死。在病害发生初期或发生期施用多菌灵、退菌特等可有效地防治病害。

应用与保健 栀子花是极佳的室内植物。花语是“永恒的爱与约定”。此花从冬季开始孕育花苞，直到近夏至才会绽放，含苞期愈长，清芬愈久远；栀子树的叶，也是经年在风霜雪雨中翠绿不凋。栀子花、果实、叶和根可入药，一般泡茶或煎汤服。有清热利尿、凉血解毒、降血压等功效，可治黄疸、血淋痛涩、目红肿痛、火毒疮等。

栀子四季常绿，绿叶白花，清新素雅。栀子叶具有抗烟尘、抗二氧化硫的能力，是净化空气的好手。

12 菊花

黄花、节华、秋菊、鞠

菊科　菊属 *Dendranthema* × *glandiflorum*

水培容易度　★★★

光照强度 

产地分布 菊花原产我国，至今已有2500年以上的栽培历史。

识别要点 叶的形态因品种而异，可分正叶、深刻正叶、长叶、深刻长叶、圆叶、葵叶、蓬叶和船叶8类。菊花的花（头状花序），生于枝顶，径2～30cm。

生态习性 适应性很强，喜凉，较耐寒，生长适温18～21℃，最高32℃，最低10℃，地下根茎耐低温极限一般为－10℃。菊花为短日照花卉。对二氧化硫和氯气等有毒气体有一定抗性。

水培管理

① 容器：盆具大小随植株大小进行调

整。拥塞基质宜选用陶粒、五彩石等。

② 上盆时如果要使之矮化，用CCC（秋水仙碱）、B_9、以2%的水溶液喷顶心，上盆后7天喷全株，以后每10天喷1次，4～5次即可实现，或在上盆前用多效唑等矮化剂处理根系。

③ 营养液及管理：以园试营养液的1/4～1/2浓度栽培，可用加光或避光方法催延花期。生长期内适当摘心，促进分枝，花开繁多，株形丰满。注意通风透光，以免感染白粉病。如欲国庆节开花，9月5日前后进行1次摘心。

常见问题 菊花严重的病害就是菊花叶斑病，在发病前喷50%托布津1000倍液，或50%多菌灵500倍液均有良好的防治效果。菊花常见的害虫有蚜虫和红蜘蛛，蚜虫自幼苗开始到开花结束都有发生，发现蚜虫后用40%氧化乐果1500～3000倍液、25%亚铵硫磷1000倍液、50%灭蚜松乳剂1500倍液均可；红蜘蛛多发生在夏季高温干燥季节，可用40%氧化乐果1000倍液喷杀，有显著效果。夏季高温干燥时期，常用清水喷雾也有一定防治作用。

应用与保健 菊花为园林应用中的重要花卉之一，广泛用于花坛、地被、盆花和切花等。要求摆放室内南向光照最强处。我国食用菊花的历史十分悠久，菊花入膳，不仅食之味美，而且具有多种保健功能。菊花历来就有长寿之花、抗衰老之花的雅称。

13 郁金香

洋荷花、旱荷花、草麝香、郁香

百合科　郁金香属 *Tulipa gesneriana*

水培容易度　★★★

光照强度　

产地分布 原产地中海南北沿岸及中亚细亚和伊朗、土耳其、东至我国的东北地区等地。

识别要点 多年生球根花卉。株高30～40cm，鳞茎卵圆形，外被鳞质膜叶。茎叶光滑，被蜡粉。叶基生阔披针形，花茎自叶片中央抽出，花朵单生，杯形。花色有鲜红、黄、白、紫等色。

生态习性 郁金香属长日照花卉，性喜向阳，避风，冬季温暖湿润，夏季凉爽干燥的气候。8 ℃以上即可正常生长，一般可耐－14 ℃低温。

水培管理

① 将花瓶或其他容器盛好水，将种球

放入容器口，使水浸没一半种球，然后将水培容器放于7～10 ℃ 的环境中，促使生根。

② 待根系形成后，需15～20天即可移入室内光照处。

③ 在生根阶段由于水分消耗得快，应每2～3天检查1次水分的缺失情况，及时补足水分，防止根因失水而干枯。如果种球较小，也可补充一些营养液，可用每升含0.15g的氮、磷、钾复合肥加等量的硝酸钙。如果没有硝酸钙，仅复合肥也可。

④ 在水培阶段，可每隔3～4天换掉一半营养液。

常见问题 郁金香水培病虫害的病原菌由种球携带，多发生在高温高湿的环境，主要病害有茎腐病、软腐病等，防治方法同水仙。

应用与保健 郁金香花朵似荷花，花色繁多，色彩丰润、艳丽，是重要的春季球根花卉，可作为室内观花植物，高茎品种适用于切花。郁金香根和花可做镇静剂。

14 水仙

凌波仙子、玉玲珑、金银台、姚女花、女史花、天葱、雅蒜

石蒜科　水仙属 *Narcissus tazetta* var.chinensis

水培容易度　★★★★★

光照强度 

产地分布 水仙属植物分布中心在欧洲中部，地中海沿岸，本种为我国原产，在浙江、福建、台湾等地有野生。

识别要点 多年生草本。地下部分的鳞茎肥大似洋葱，外被棕褐色皮膜。叶狭长带状，花莛中空，多者可达10余枝，每花莛数朵至10余朵。

适栽品种类型 此属植物全世界共有800多种，其中的10多种具有极高的观赏价值。水仙原分布在中欧、地中海沿岸和北非地区，我国的水仙是多花水仙的一个变种。我国的水仙主要有两品系。

① 单瓣型：花单瓣，白色，花被6裂，中心有一金黄色环状副冠，

故称“金盏银台”，亦名“酒杯水仙”；若副冠呈白色，花多，叶梢细者，则称“银盏玉台”。

② 重瓣型：花重瓣，白色，花被12裂，卷成一簇，称为“百叶水仙”或“玉玲珑”，花形不如单瓣的美，香气亦较差，是水仙的变种。

生态习性 性喜温暖、湿润、阳光充足之环境，尤喜冬无严寒，夏无酷暑，春秋多雨之地。喜水、耐肥，要求富含有机质、水分充足而又排水良好的中性或微酸性疏松壤土。亦耐干旱、瘠薄土壤和半阴；花期则宜阳光充足。水仙在10～15℃环境下生长良好，约45天即可开花，花期可保持月余。

水培管理

① 用水浸法培养。将经催芽处理后的水仙直立放入水仙浅盆中，加水淹没鳞茎1/3的为宜。盆中也可用石英砂、鹅卵石等将鳞茎固定。

② 白天水仙盆要放置在阳光充足的地方，晚上移入室内，并将盆内的水倒掉，以控制叶片徒长。次日晨再加入清水，注意不要移动鳞茎的方向。

③ 刚上盆时，水仙可每日换1次水，以后每2～3天换1次，花苞形成后，每周换1次水。

④ 水仙水养期间，特别要给予充足的光照，白天要放在向阳处，晚间可放在灯光下。这样可防止水仙茎叶徒长，而使水仙叶短宽厚、茁壮，叶色浓绿，花开香浓。水养水仙，一般不需要施肥，如有条件，在开花期间稍施一些速效磷肥，花可开得更好。

常见问题 水仙主要病虫害有大褐斑病、叶枯病等。种植前剥去膜质鳞片，将鳞茎放在0.5%福尔马林溶液中，或放在50%多菌灵500倍水溶液中浸泡0.5h，可预防褐斑病发生。

应用与保健 我国对水养观赏的漳州水仙，有着独特的传统艺术雕刻方法，将水仙球经过一定的艺术加工，雕刻或拼扎成动物、花篮等各种各样的造型。如蟹爪水仙、花篮水仙、桃形水仙、孔雀开屏等等，宛如一幅幅有生命的立体的艺术珍品，深受人们的喜爱，近几年还在国外举办雕刻水仙专题展览，赢得好评。水仙可吸收一氧化碳及二氧化硫等，将水仙摆放在书房或几案上，严冬中散发淡淡清香，令人心旷神怡。我国水仙的鳞茎还可入药，根据报道，其鳞茎具一定抗癌作用，但因毒性大,目前尚未应用于临床。

温馨提示 为使水仙生长健壮，白天应拿到阳台晒太阳。如果想推迟花期，可采取降低水温的办法，或者采取傍晚把盆水倒尽，次日清晨，再加清水的做法。此外，如果节前10天看不到饱满花苞，可采用给水加温的方法催花，水温以接近体温为宜。

15 国兰类

中国兰

兰科　兰属 *Cymbidium spp*

水培容易度 ★

光照强度

建兰

产地分布 中国兰花是兰科、兰属植物中一部分产于我国及日本、朝鲜半岛的地生种的总称。以浙江、江苏、福建、广东、广西、云南、贵州、四川等地国兰生长最多。

识别要点 叶线形或剑形，革质,直立或下垂，花单生或成总状花序，具芳香。

适栽品种类型 国兰品种很多，根据观赏部位不同分为“花艺”和“叶艺”两大类型。花艺讲究兰花的香、神、韵，并以奇花、多瓣、碟花为追求目标；叶艺则以欣赏叶片上的千变万化的金色、银色的斑纹等，并以奇叶矮种为追求对象。常见的品种有金丝马尾、银边大贡、金边大贡、银边墨兰、金嘴墨兰、达摩兰、鹤之华、大勋、爱国、瑞玉等。按花期可将兰花分为春兰（*Cymbidium goeringii*）、蕙兰（*C.faberi*）、建兰（*C.ensifolium*）、墨兰（*C.sinense*）、寒兰（*C.kanran*）等。现将各类兰花的识别要点及公认名品介绍如下。

① 春兰：别名草兰、山兰，主要特征是植株较小，假鳞茎很小，完全包存于叶基之内，花苞片很长，常超过子房，只有1～2朵花，香气最浓；花期初春。常见的名品有荷瓣型的绿云、郑同荷（大富贵）、翠盖荷、大雪素，梅瓣型的宋梅、西神梅、万字、集圆（老十圆）、蔡梅素，水仙瓣型的龙字，蝶瓣型的四喜蝶等。

② 蕙兰：别名九子兰、厦兰，区别于其他国兰的特征是假鳞茎不明显，叶脉透明，花莛不直；花期初夏。常见的名品有极品、大一品、端梅、程梅、红香妃等。

③ 建兰：又称四季兰，它的特征为假鳞茎明显可见；生有2～4枚叶，叶有光泽；花莛常略短于叶或近等长，花通常5～9朵，有香气；花期通常6～10月，有些品种一年可开2～3次花。常见的品种有鱼枕、铁骨素、大叶荷花素、龙岩素、永安素、永福素、企剑仁化白、厚叶大花四季兰、小桃红、荷瓣大直舌等。

④ 寒兰：有明显的假鳞茎；叶暗绿色，直立性强，略有光泽；花常有浓烈香气，萼片与花瓣狭长，宽3～5mm；花苞片较长，约与花梗等长，易辨认；花期为10月到翌年1月。常见的名品有青花寒兰、素心寒兰、卷瓣寒兰、红花寒兰等。

墨兰

⑤ 墨兰：又称报岁兰，因花期接近岁末而得名。假鳞茎较大，明显外

露；叶近革质，暗绿色，有光泽，宽2～3.5cm；花莛较粗壮，常高于叶面；花一般有浓烈香气；花苞片较短，明显短于子房；花期为10月到翌年的3月。常见的名品有仙殿白墨、柳叶白墨、江南白墨、玉版白墨、绿白墨、大红朱砂墨、黑墨、徽州墨、榜墨、黄花墨兰等。

生态习性 国兰要求比较低的温度，生长期白天保持在20℃左右，越冬温度夜间5～10℃，其中春兰和蕙兰最耐寒，可耐夜间5℃的低温，墨兰要求温度高。地生兰不能耐30℃以上高温，要在兰棚中越夏。冬季要求充足光照，夏季要遮阳，中国兰要求50%～60%遮阳度，墨兰最耐阴，建兰、寒兰次之，春兰、蕙兰需光较多。

水培管理

① 容器：以带有种植杯的瘦高圆柱形玻璃容器为宜，有利于兰花根系的伸展。

② 土栽兰花脱盆后，洗净根系，用多菌灵消毒后置于清洁的自来水中诱导水生根，上部植株用陶粒固定，1/4根系浸入即可，2～3天更换清水1次，待其水生根长出后再加营养液，先用标准浓度1/2进行培养，逐步增加到所需浓度即可。

③ 夏天4～5天加清水1次，7～10天更换1次营养液；冬季15天加水1次，25～30天更换1次营养液。

常见问题 危害兰花的病虫害较多，防治炭疽病、白绢病、根腐病，可用达克宁、皮康王软膏均匀地涂在受病原浸染的部位上，范围稍微大些，病斑就会停止扩展，连续几次，病叶上的病斑会消失。介壳虫类等虫害防治方法见基础篇病虫害防治。

应用与保健 春兰、蕙兰、建兰、寒兰、墨兰都是我国传统名贵兰花，常设置兰圃进行专类栽培。园林应用中作名贵盆花，供室内陈列。例如墨兰株形优美，盆栽摆放客室、书房，凌空泼洒，别具一格。且花期处于春节，给节日增添喜气。

16 金边瑞香

睡香、风流树

瑞香科　睡香属 *Daphne odora*

水培容易度　★

光照强度　

产地分布 产于我国浙江、安徽、江西、湖南、湖北、四川、台湾、广东、广西等地。

识别要点 常绿灌木。小枝带紫色。叶深绿色。花密生成簇，白色或带红紫色，有芳香。花期2～3月。

适栽品种类型 毛瑞香，老幼枝均为深紫或紫褐色，花白色，常5～13朵组成顶生头状花序，花被外侧密生黄色绢毛。‘金边’瑞香，叶具黄色边缘，花外面紫红色，内面粉白色，极香。‘蔷薇红’瑞香，花淡红色。

生态习性 喜充足的光照，但怕夏季阳光直晒。喜温暖的环境但忌高温和高湿。越冬温度5～10℃。生长期盆土中需有充足的水分，忌盆土积水。生长时期喜较高的空气湿度。

水培管理

① 植株宜选用带种植杯的玻璃容器。

② 选取株形较好的土培植株，洗根，修剪根系，用多菌灵消毒，置于干净的自来水中诱导生根。种植杯中用陶粒固定植株。水培初期每2～3天换清水1次，2周后逐渐长出水生根。

③ 当植株完全适应水培环境时移至光线充足处，加入稀释营养液进行养护，每2周换1次营养液。夏天2～3天加水1次，冬季15～20天加水1次。

④ 春末至秋末只要早晚的柔和光照。冬季需要全光照，要放在较暖和（15℃以上）的位置，能使花期提早，且花有浓香。

⑤ 瑞香恶浓肥，所以要用低浓度营养液，孕蕾期配合喷施叶面肥（0.2%磷酸二氢钾），10～11月每隔15天喷施叶面肥1次，连续2～3次。

常见问题 最容易发生的病害是茎腐病和根腐病。每月定期在营养液中交替加入70%托布津使其浓度达到1000倍液或50%多菌灵使其达到800倍液。

应用与保健 瑞香是姿、色、香、韵俱佳的传统名花，为瑞香科常绿灌木。其花期正值新春佳节前后，繁花似锦，浓香四溢。常作盆栽花卉室内栽培，十分受人喜爱。

瑞香的根、茎、叶、花均可入药，具有清热解毒、消炎去肿、活血去瘀的功能。民间常用其鲜叶捣烂治咽喉肿痛、齿痛及各种皮肤病。

17 鹤望兰

极乐鸟花、天堂鸟

旅人蕉科　鹤望兰属 *Strelitzia reginae*

水培容易度　★★

光照强度 

产地分布 原产非洲南部，现广泛栽培。美国、德国、意大利、荷兰和菲律宾等国都盛产鹤望兰。

识别要点 花序外有总佛焰苞片，长约15cm，绿色，边缘晕红，着花6～8朵，顺次开放。外花被橙黄色，内花被天蓝色。花形奇特，色彩夺目，宛如仙鹤翘首远望。秋冬开花，花期长达100d以上。

适栽品种类型 白花鹤望兰（*S. nicolai*），大型盆栽植物，丛生状，叶大，叶柄长1.5m，叶片长1m、基部心脏形，6～7月开花，花大，花萼白色，花瓣淡蓝色。无叶鹤望兰（*S. parvifolia*），株高1m左右，叶呈棒状，花大，花萼橙红色，花瓣紫色。邱园鹤望兰（*S. kewensis*），是白色鹤望兰与鹤望兰的杂交种，株高1.5m，叶大、柄长，春夏开花，花大，花萼和花瓣均为淡黄色，具淡紫红色斑点。考德塔鹤望兰（*S. candata*），萼片粉红，花瓣白色。金

色鹤望兰（*S. golden*），是1989年新发现的珍贵品种，株高1.8m，花大，花萼、花瓣均为黄色。

生态习性 冬季温度要保持在10～25℃之间，不要低于8℃。8℃以下则停止生长，温度降至4℃以下，短期内植株虽也能忍耐，但所形成的花苞易枯死。

水培管理

① 光照对于生长发育有直接关系。秋、冬、春需要充足的光照，而夏季则需遮阳。

② 生长期每10天换营养液1次，特别在长出新叶时要及时更换营养液，因为新叶多才会花枝多。

③ 花谢后，花茎应立即剪除，以减少养分消耗。冬季要清除断叶和枯叶，这样可以每年花开不断。

常见问题 叶斑病、灰霉病，用达克宁、皮康王软膏涂抹。室内栽培时，如空气不畅通，易发生介壳虫危害，可用释液4～8倍的食醋或风油精稀释600～800倍液喷洒。

应用与保健 盆栽鹤望兰摆放于宾馆、接待大厅和大型会议，具清新、高雅之感。在南方可丛植于院角，点缀花坛中心，同样景观效果极佳，亦为重要切花。能够吸收甲醛、乙醚、三氯乙烯等污染物。

18 丽格秋海棠

丽格海棠、玫瑰海棠、丽佳秋海棠、里拉秋海棠

秋海棠科　秋海棠属 *Begonia xaelatior*

水培容易度　★★

光照强度 

产地分布 杂交种。分布广。

识别要点 多年生常绿草本植物，复花花序腋生，有小花20余朵，单瓣或重瓣直径约3cm，甚为绚丽夺目，娇媚动人。

适栽品种类型 品种较多，大型的重瓣花型似月季、山茶、香石竹。白色的‘山林女神’，橙色的‘埃洛沙’‘路沙莉’，黄色的‘探戈舞’‘黄色旋律’，红色的‘海特’‘水妖’，奶油色的‘巴洛马’等都为优良品种。

生态习性 需阴凉通风，日照50%～60%，排水需良好。丽格秋海棠无论

单瓣或重瓣，大都喜冷凉，适宜范围在10～20℃之间。它不耐高温，超过30℃，茎叶枯萎脱落甚至块茎腐烂。

水培管理

① 容器：选择直径7～12cm的容器。

② 根系的1/2～2/3浸入营养液。或者直接将洗净根系的植株浸泡在营养液中，根系1/2入水。

③ 营养液及管理：夏季2～3天加水1次，10～15天更换1次营养液，冬季10～15天加水1次，25～30天更换营养液1次，经常向叶片喷水，多次摘心，促使多发侧枝。

④ 花后剪花枝，夏季应适当遮阳，冬季光照应充分。

常见问题 家庭养植丽格海棠易得细菌性软腐病和白粉病，可用农用链霉素200μg/g或多菌灵1000倍液喷雾。

应用与保健 丽格秋海棠，花形优美，色彩绚丽，是室内极好的观花植物。能够净化室内空气、美化环境。秋海棠可吸收空气中的甲醛，其挥发物质还有抑菌、杀菌的作用。遇有毒气体时，叶片会出现斑点。是温和、美丽、快乐的象征，摆放于餐厅，可以促使家人和睦相处和身体健康，且其乐融融。

秋海棠的花、叶、茎、根均可入药。具有清热、消肿、止血等功效。

温馨提示 培养丽格秋海棠，切忌向叶面上喷不清洁的水，否则极易产生病斑。

19 比利时杜鹃

杂种杜鹃、西洋杜鹃

杜鹃花科杜鹃花属 *Rhododendron hybrida*

水培容易度 ★

光照强度 

产地分布 欧美通过多种杜鹃反复杂交而成，现已成为欧美等国及日本主要生产的商品盆栽花卉。

识别要点 常绿灌木矮小。花顶生，花冠阔漏斗状，花玫红色、水红色、粉红色或间色等。品种很多。花期主要在冬、春季。

生态习性 喜温暖、湿润、空气凉爽、通风和半阴的环境。要求土壤酸性、肥沃、疏松、富含有机质、排水良好。夏季忌阳光直射、应遮阳，常喷水，保持空气湿度。

水培管理

① 容器：宜选用带种植杯的玻璃

容器。

② 移栽：将土栽植株脱盆、去土，洗干净根系。将部分须根剪除，然后将根系穿过种植杯浸入装自来水的容器中，并加少量多菌灵水溶液防腐消毒，诱导水生根系生长。上部用陶粒或石砾固定植株。

③ 营养液及管理：水生根系长出后，可适当添加稀释后营养液。夏天4～5天加水1次，冬季10～20天加清水1次，20～30天更新1次营养液，pH5.5。

④ 营养液开始液位不可过高，浸没根系1/4～1/3即可。

⑤ 从3月起，直到花蕾破绽，15天左右喷1次叶面肥。花后，需肥量大，1周补1次营养液，并喷1次叶面肥,促使新枝壮实,以利花芽分化。

⑥ 秋凉后，半月左右加1次全量营养液，并喷1～2次叶面肥，促使花蕾健壮生长。入冬后，杜鹃生理活动微弱。

常见问题 常见病害主要有褐斑病（黑斑病），黄化病等。褐斑病的防治，用达克宁、皮康王软膏涂抹在受病原浸染的部位上，范围稍微大些，病斑就会停止扩展，连续几次，病叶上的病斑会消失。黄化病可以通过补充微量元素和加强田间管理来防治，新枝萌发阶段，叶面喷洒硫酸亚铁1次，浓度以0.5%～1%为宜，喷洒时间宜在下午或傍晚。常见的虫害主要有红蜘蛛，网蝽等。红蜘蛛可用600～1000倍的洗衣粉液或者600～800倍风油精液喷洒。

应用与保健 杜鹃花是我国的传统名花，株形美观，叶色浓绿，花朵繁茂，花色艳丽，可盆栽，用于点缀居室、阳台；也可用杜鹃组成花篱绿障和铺地植物。此外，杜鹃花还有食用、药用价值。

20 四季秋海棠

洋秋海棠、四季海棠、腊叶秋海棠

秋海棠科、秋海棠属 *Begonia semperflorens*

水培容易度 ★★★

光照强度 

产地分布 原产巴西。

识别要点 叶互生，有光泽，卵圆形至广椭圆形，边缘有锯齿，叶基部偏斜。花色有红、粉和白，单瓣或重瓣，雄花较大，雌花稍小。

品种类型 品种较多，又容易品种间杂交，目前栽培的均为优良的杂交种品种。根据花色、花茎大小、叶色、单瓣或重瓣等大致可分为以下品种。

① 矮性品种，植株低矮，花单瓣；花色有粉、白、红等；叶绿色或褐色。

② 大花品种，花单瓣，花茎较大，可达5cm左右；花色有白、粉、红等；叶绿色。

③ 重瓣品种，花重瓣，不结实；花色有粉、红等；叶绿色或古铜色。

生态习性 喜温暖、湿润、荫翳及空气湿度大的环境，怕强烈阳光直晒，喜半阴和湿润的环境，怕高湿和寒冷，正常的生长温度为18～22℃。华北地区夏季高温对其不利，可放在通风阴凉处；越冬夜间最低温度应在8～12℃。

水培管理

① 容器：选择直径7～12cm的容器。

② 根系的1/2～2/3浸入营养液。或者直接将洗净根系的植株浸泡在营养液中，根系1/2浸入水中。

③ 营养液及管理：夏季2～3天加水1次，10～15天更换1次营养液，冬季10～15天加水1次，25～30天更换营养液1次，经常向叶片喷水，多次摘心，促使多发侧枝。

④ 花后剪花枝，夏季应适当遮阳，冬季光照应充分。

常见问题 高温干燥易引起植株生长不良甚至死亡。常见的病害有白粉病、细菌性立枯病，虫害方面有蚜虫、介壳虫、红蜘蛛。防治方法见基础篇病虫害防治。

应用与保健 四季秋海棠，叶形优美，叶色绚丽，是室内极好的观叶植物。能够净化室内空气、美化环境。另外，秋海棠的花、叶、茎、根均可入药。

温馨提示 培养四季秋海棠，切忌向叶面上喷不清洁的水，否则极易产生病斑，最终导致植株腐烂。

21 粉掌

天南星科 花烛属 *Anthurium andraeanum*

水培容易度 

光照强度 

产地分布 原产于南美洲哥伦比亚西南部热带雨林。

识别要点 多年生附生常绿草本植物。叶长椭圆状，心形，鲜绿色；佛焰苞有光泽，革质粉红色；花序圆柱形，稍下弯。金黄色，基部象牙白色，雌雄花均无柄。条件适宜终年开花。

品种类型 主要园艺品种有‘粉绿’花烛等。

生态习性 性喜高温、高湿的环境。生长适温20～30℃，最低10℃左右停止生长。不耐干燥，适宜的空气相对湿度80%以上，不耐强光照射，

全年宜在适当遮阳的弱光下生长，冬季可适当增加光照，以利于根系发育，生长健壮。不耐盐碱。

水培管理

① 盆具选择质地坚实的塑料瓶、传统瓷质工艺瓶、玻璃瓶等。

② 将植株根系洗净，以海绵等质地柔软的物质挟裹根系植入定植杯，将根系1/3～3/4浸入营养液中。

③ 在室内盆栽，宜放在有一定散射光的明亮之处，千万要注意不宜将粉掌放在有强烈太阳光直射的环境中，并经常向植株及周围洒水以增加空气湿度，同时调节气温，不使其过高，冬季保持10℃以上即可。10～15天更换1次营养液，同时应经常冲洗根系保持清洁。

④ 保持相对高的空气湿度，这是室内养护关键，一定要采取办法提高粉掌放置环境的空气湿度，可采用叶面喷雾等方法。

⑤ 经常保持叶面清洁。

⑥ 控制室温。夏季应把室温降至35℃以内，冬季如温度低于12℃，可采用套塑料袋等方法提高温度。

常见问题 炭疽病是粉掌常见病害之一。高湿是发生该病的主要原因。加强栽培管理，要经常通风透光，避免浇水或空调冷凝水溅在叶片上，及时摘除病叶。

应用与保健 粉掌的花朵独特，佛焰苞明艳华丽，色彩丰富，极富变化，且花期长，水培单朵花期可达2～4个月，是一种有较大发展前景的名优花卉。盆栽单花期可长达4～6个月。吸收空气中对人体有害的苯、三氯乙烯。

食用类花卉

1 草莓

蔷薇科　草莓属 *Fragaria ananassa*

水培容易度 

光照强度 

产地分布 原产北美洲。

识别要点 多年生草本植物，匍匐茎，株高约30cm；花托肥大、肉质化，从绿色逐渐变为鲜红色。

适栽品种类型 草莓栽培始于14世纪，18世纪中期育成大果型品种，目前世界各国均有分布，栽培种约2000种。我国自20世纪50年代以来引进欧美和日本品种，加上自己培育的共计200多品种。

生态习性 喜光，光照不足则营养生长旺盛而花少。喜潮湿，不耐旱，忌水渍，较耐寒。

水培管理

① 容器：水培草莓适合家庭，选择配有定植杯无底孔不透明容器。

② 移栽：洗净欲水培的草莓根系，用水苔为锚定介质挟裹根际后，植入定植孔内。

③ 营养液及管理：选用日本园试配方营养液，为原浓度的1/3～1/2，pH调至5.8～6.5。营养液浸没根系的1/3左右。每月更新1次。

④ 喜强光照，应放置于阳光充足的南向阳台、窗台等处。

常见问题 草莓病害多见，常见有叶斑病、白粉病、灰霉病等。防治策略：及时摘除病叶、老叶。发病初期用70%百菌清可湿性粉剂500～700倍液，10天后再喷1次。因长时间置于强光下，不宜选择透明容器栽培，否则容易滋生藻类。

应用与保健 草莓营养丰富，花果俱具较高观赏价值，是一种集观赏、食用为一身的花卉，水培前景广阔。

2 辣椒

朝天椒、五色椒、佛手椒、樱桃椒、珍珠椒

茄科　辣椒属 *Capsicum frutescens*

水培容易度 

光照强度 

产地分布 原产美洲热带，各国广为栽培。

识别要点 多年生草本，茎高30cm左右。果实成熟过程中由绿变为白、黄、橙、红、紫、蓝等色。

适栽品种类型 同属植物20多种。从果实形状分，目前广为栽培的有朝天椒、樱桃椒、佛手椒、五色椒。

生态习性 喜温暖，不耐寒，喜阳光充足、干燥的环境。

水培管理

① 考虑到观赏椒植株不太大，可选用高约10cm、直径10～12cm的容器，或相似体积的容器（如15cm×15cm×10cm）。根据水培容

器以及定植杯的大小，截取栽培盒盖板并抠出定植孔。

② 将已长出5～6片真叶的幼苗或植株洗净根系，用5cm×5cm×5cm的泡沫塑料或岩棉坨挟裹后植入定植杯中或用陶粒固定植株。定植杯底部必须有防滑落阻挡，以防植株长大时从定植杯底部滑入栽培箱中。

③ 可选用园试营养液标准浓度，幼苗期可用1/3。建议每半月加清水1次。稀释营养液，每月更新1次，或视营养液清晰度而定。pH5.8～6.2。幼苗期营养液浸到根系。随着根系的生长，可适当降低营养液高度，最终保持在液深2～3cm。

④ 栽培过程中需要较强光照，否则生长不良。

常见问题 辣椒主要病害有病毒病、炭疽病、辣椒灰霉病、辣椒脐腐病等，可用达克宁、皮康王软膏涂抹，疗效极佳。

应用与保健 可布置于厨房、阳台等，既可食用又可观赏。观赏辣椒红色的果实可做调味品。红色的辣椒给家庭带来红红火火的生气；多色辣椒，给庭园增添多彩的景色，增添喜气洋洋的氛围。

3 西红柿

番茄

茄科 茄属 *Lycopersicon esculentum*

水培容易度 

光照强度 

产地分布 原产于中美洲和南美洲，现作为食用蔬果已被全球性广泛种植。

识别要点 一年生或多年生草本植物。植株高0.6～2m。全株被黏质腺毛。奇数羽状复叶或羽状深裂，互生；叶长10～40cm；果实为浆果，浆果扁球状或近球状，肉质而多汁，橘黄色或鲜红色，光滑。

生态习性 喜温暖，最适温度为20～25℃，喜光，短日照植物，对水分要求较高。

水培管理

① 考虑到西红柿植株较大，可选用较大容器，根据水培容器以及定植杯的大小，截取栽培盒盖板并抠出定植孔。

② 将已长出3～4片真叶的幼苗或植株洗净根系，用5cm × 5cm × 5cm的泡沫塑料或岩棉坨挟裹后植入定植杯中或用陶粒固定植株。定植杯底部必须有防滑落阻挡，以防植株长大时从定植杯底部滑入栽培箱中。

③ 可选用霍格兰营养液标准浓度，幼苗期可用1/3。建议每5～7天加清水1次。稀释营养液，每半月更新1次。

④ 栽培过程中需要较强光照，否则生长不良。

⑤ 果实逐渐长大后需要用绳或金属丝支撑，防止倒伏。

常见问题 西红柿主要病害有白粉病等，白粉病刚刚发生时，喷小苏打500倍液，隔3天1次，连喷5～6次。

应用与保健 该种早在1929年由格里克水培成功，并大规模生产，技术成熟。可布置于窗台、阳台等，既可食用又可观赏。番茄的果实营养丰富，具特殊风味。可以生食、煮食，或加工成番茄酱、汁或整果罐藏。

观果类花卉

1 火棘

火把果、救军粮

蔷薇科　火棘属 *Pyracantha fortuneana*

水培容易度 

光照强度 

产地分布 我国黄河以南及广大西南地区。

识别要点 复伞房花序，有花10～22朵，花直径1cm，白色；花期3～4月；果近球形，直径8～10mm，成穗状，每穗结果10～20余个，橘红色至深红色，甚受人们喜爱。9月底开始变红，一直可保持到春节。

生态习性 喜强光，耐贫瘠，抗干旱；黄河以南露地种植，华北需盆栽，塑料棚或低温温室越冬，温度可低至0～5℃或更低。

水培管理

① 容器：火棘植株宜选用带种植杯

的璃容器。

② 移栽：将土栽植株脱盆、去土，洗干净根系。将部分须根剪除，多菌灵水溶液防腐消毒，然后将根系穿过种植杯浸入装自来水的容器中，种植杯中置入泥炭或陶粒锚定植株，根系1/3浸入清洁自来水中，诱导水生根系生长。

③ 营养液及管理：水生根系长出后，加入稀释观花、观果型营养液，夏天4～5天加水1次，冬季10～15天加清水1次，20天更新1次营养液，pH5.5～6.0。

④ 营养液浸没根系1/3～1/2即可。

常见问题 春季常有蚜虫危害，可用软刷刷除。叶色变黄脱落，导致原因：a.光照不足，建议移至光照充足处培养；b.根系腐烂，栽植时根系浸入太多，定期换水，修剪烂根，消毒后重新培养。

摆放应用 火棘耐修剪，主体枝干自然变化多端。火棘的观果期从秋到冬，果实愈来愈红，是一种极好的春季赏花、冬季观果植物。

2 朱砂根

富贵籽、红铜盘、大罗伞、雨伞朱

紫金牛科　紫金牛属 *Ardisia crenata*

水培容易度　★★★

光照强度 

产地分布 产于陕西、长江流域各地及福建、广西、广东、云南、台湾等地。

识别要点 常绿灌木。核果球形，直径6～7mm，成熟时鲜红色，具斑点，经久不落。成熟时宛如“绿伞遮金珠”富贵吉祥的景象，故花农们称它“富贵籽”。

生态习性 性喜温暖湿润气候，忌干旱，较耐阴，喜生于肥沃、疏松、富含腐殖质的沙质壤土上。

水培管理

① 容器：朱砂根植株宜选用带种植杯的璃容器。

② 移栽：将土栽植株脱盆、去土，洗干净根系。将部分须根剪除，多菌灵水溶液防腐消毒，然后将根系穿过种植杯浸入装自来水的容器中，根系1/2浸入清洁自来水中，诱导水生根系生长。上部用陶粒或石砾固定植株。

③ 营养液及管理：水生根系长出后，可适当添加稀释后营养液。夏天4～5天加水1次，冬季10～20天加清水1次，20～30天更新1次营养液，pH5.5～6.0。

④ 营养液开始液位不可过高，浸没根系1/3～1/2即可。

常见问题 朱砂根较少发生病虫害，偶有根腐病，剪除病根，用绿乳铜或托布津800～1000倍液浸根，重新上盆栽植，放置阴凉处养护，一般能够挽救。

摆放应用 株形秀丽，果实鲜红，挂果时整个植株大红大绿、亭亭玉立，十分高雅，是优良的室内观果花卉，可长期放在室内观赏。

多浆类花卉

1 龙舌兰

番麻

龙舌兰科　龙舌兰属 *Agave americana*

水培容易度　

光照强度　

产地分布 原产于美洲。

识别要点 多年生常绿植物，植株高大。叶片长可达1.7m，宽20cm，叶色灰绿或蓝灰，花黄绿色。

生态习性 喜温暖干燥和阳光充足环境。稍耐寒，较耐阴，耐旱力强。冬季温度不低于5℃。

水培管理

① 取材：于春、秋季节选取株形丰满的土培幼龄植株，用清水洗根。栽培器皿的口径大小要与植株莲座吻合、匹配，使莲座能稳稳地搁置在器皿的上口，加入清水至1/2～2/3根系

处，1周后可见根颈处和老根上长出嫩的水生根。

② 养护：水培初始2～3天换1次清水，小心操作，防止被针刺刺伤，3周后加入稀薄的观叶植物营养液，每3～4周更新1次。龙舌兰喜充足、柔和的光照，除夏季要防止烈日直射外，其他时间均应置于光线明亮处，最好有直射光，过阴时叶片会变得细薄，观赏性差。

常见问题 常发生叶斑病、炭疽病和灰霉病，可用达克宁、皮康王软膏涂抹，疗效极佳。有介壳虫危害，少量时可人工刷除，严重时可用200～300倍洗洁精，600～800倍风油精液喷洒。

应用与保健 龙舌兰叶片坚挺美观、四季常青，园艺品种较多。常用于盆栽或花槽观赏，适用于布置小庭院和厅堂，栽植在花坛中心、草坪一角，能增添热带景色。

温馨提示 因龙舌兰叶片开展，且先端有尖刺，故室内摆放时不宜放在家庭成员活动频繁的区域，如走廊，楼梯口等。有小孩的家庭，建议摆放在小孩碰不到的地方，为安全起见也可将叶先端的尖刺剪去。

2 莲花掌

石莲花

景天科　莲花掌属 *Echeveria glauca*

水培容易度　

光照强度　

产地分布 原产大西洋地区。

识别要点 叶片肉质，青绿色，边缘红色，呈莲座状着生在枝条的顶端，花序顶生，花不显著。

生态习性 喜温暖、干燥和阳光充足的环境，冬季最低温度10℃左右。要求有充足的光

线。稍耐半阴，过于荫蔽则生长不良，导致株形松散，叶色暗淡，缺乏生机。

水培管理

① 锚定基质：选用陶粒或粗砂。

② 容器：选取小口的小型容器即可。

③ 营养液：采用霍格兰营养液，pH6.0～7.0，稀释2～5倍。10～15天更换1次。切忌不可将根系全部浸没水中，浸入1/3即可。

④ 管理：中午日照强烈，应注意庇荫以防日灼，秋冬季气温下降，可减少更换营养液次数。

常见问题 水分浸泡根部过多易烂根，将植株取出，切掉腐烂部位，消毒，晾干后，基部浸入清水中重新诱导生根。

应用与保健 莲花掌叶片紧密排列为莲座形，美丽如花朵，适宜浅盆栽植，或组合盆景装饰观赏，也可作花坛镶边或配作插花用。可以防止一定的电磁辐射。

3 金琥

象牙球

仙人掌科　金琥属 *Echinocuctus grusonii*

水培容易度　★★

光照强度　

产地分布 原产墨西哥中部干燥、炎热的热带沙漠地区。

识别要点 茎圆球形，球顶密被金黄色绵毛。6～10月开花，花生于球顶部绵毛丛中，钟形，4～6cm，黄色。

生态习性 金琥性喜阳光充足，夏季高温炎热期应适当荫蔽，以防球体被强光灼伤。越冬温度保持8～10℃。

水培管理

① 容器：因金琥植株肉多而较重，故选择水培容器和锚定植株的材料时应予特殊考虑。锚定介质以颗粒状为佳，最好选用直径1～1.5cm的陶粒，或直径相仿的卵石、矿渣等，容器可根据球的大小选用圆球形的容器。

② 营养液及管理：可选用园试配方。

③ 水培移栽：取带有水生根的球洗净后用陶粒锚定在定植杯内，将根须从定植杯内穿出，通过枯落物盖板上的定植孔浸入营养液中。营养液选用园试营养液

标准浓度的1/4～1/3，pH5.5～7，夏季10～15天更新1次营养液，冬季30～45天更新1次营养液。营养液高度以能浸到根系的2/3～4/5为宜。

常见问题 金琥生性强健，抗病力强，但夏季由于湿、热、通风不良等因素，易受红蜘蛛、介壳虫、粉虱等虫危害。红蜘蛛、介壳虫可用200～300倍洗衣粉液，或者1：60～1：70比例的肥皂水，600～800倍风油精液喷洒。粉虱可取红的干辣椒50g，加清水1000g煮沸15min，过滤后取其上清液喷洒防治。

应用与保健 水培金琥摆放在办公桌、会议桌、卧室、走廊等高级场所均可，金琥有吉祥、聚财、团圆、辟邪的作用。而且体积小，占据空间少，是城市家庭绿化十分理想的一种观赏植物。

温馨提示 金琥全身布满锋利的尖刺，建议摆放在人们不易触及的角落，避免被其扎伤。

4 芦荟

蜈蚣掌、西非芦荟

百合科　芦荟属 *Aloe spp*

水培容易度 

光照强度 

产地分布 原产南非、地中海地区、印度、中国。

识别要点 多年生常绿草本。茎短，叶互生，肉质肥厚多汁，边缘有白色针状刺。总状花序自叶丛中抽出。小花密聚，橙红色。花期4～6月或秋冬至春。

不夜城芦荟

适栽品种类型 常见栽培种类有木锉芦荟、花叶芦荟、翠花掌、草芦荟、库拉索芦荟、不夜城芦荟。

生态习性 性喜温暖、向阳、干燥的环境，不耐寒。适应性强，生长期宜稍湿，休眠期宜干。耐盐碱，能耐阴，在遮阳的环境和室内，只要有散射阳光也能生长良好。

水培管理

① 容器：因芦荟植株叶厚肉多而较重，故选择水培容器和锚定植株的材质时应予特殊考虑，以防植株长大时自行倾倒、侧翻。锚定介质以颗粒状为佳，最好选用直径1～1.5cm的陶粒，或直径相仿的卵石、矿渣等，容器可选用直径为15cm的瓷盆或相同截面积的矩形容器。

② 营养液及管理：可选用园试配方。芦荟生长较快，故每年春季均应换盆分植。换盆时，可将老株剪去供药用，另选大小适中的幼株栽植，上盆后缓苗期间控制浇水。夏季置室外通风良好半阴处。冬季不低于5℃，室内阳光充足处即可安全越冬。

③ 水培移栽：取带有根的分生侧芽，或取已生根的插穗，洗净后用陶粒锚定在定植杯内，将根须从定植杯内穿出，通过枯落物盖板上的定植孔浸入营养液中。营养液选用园试营养液标准浓度的1/4～1/3，pH5.5～7，30～45天更新1次营养液。营养液高度以能浸到根系的2/3～4/5为宜。冬季可适当降低至1/2～2/3。

常见问题 介壳虫是芦荟最常见的虫害，少量时可人工捕捉，严重时可用200～300倍洗衣粉液加600～800倍风油精液喷洒。常见病害有黑斑病（煤污病）、炭疽病等，可用达克宁、皮康王软膏涂抹。

应用与保健 株形优美、适应性强，适合室内栽植。根据国内外报道，芦荟具有免疫功能，有抗辐射、抗癌、抗炎、保肝等作用，因而被世人赋予“万能草药”“天然美容师”的美称。

5 非洲霸王树

夹竹桃科　棒槌树属 *Pachypodium geayi*

水培容易度　★★

光照强度　

产地分布 原产马达加斯加岛。

识别要点 多肉植物，褐绿色圆柱形茎干肥大挺拔，密生3枚一簇的硬刺，较粗稍短。茎顶丛生翠绿色长广线形叶，尖头，叶柄及叶脉淡绿色。

生态习性 喜温暖及阳光充足，耐干旱。

水培管理

① 锚定基质：选用陶粒或粗砂。

② 容器：选取有种植杯的中小型容器即可。

③ 营养液：采用霍格兰营养液，pH6.0～7.0，稀释2～5倍。15～20天更换1次。不可将根系全部浸没水中，浸入1/2即可。

④ 管理：中午日照强烈，应注意遮阴以防日灼，秋季气温下降，可减少更换营养液次数，越冬温度最低保持10℃以上。

常见问题 非洲霸王树容易遭受红蜘蛛和介壳虫的危害，虫害少时可用清水冲洗或毛刷刷除，严重时可用200～300倍洗衣粉液，或者1∶60～1∶70比例的肥皂水，或600～800倍风油精液喷洒。

应用与保健 多作盆栽，布置厅、堂，室内观赏。可以吸收空气中的二氧化碳、甲醛等。

温馨提示 因非洲霸王树茎干上有尖刺，故室内摆放时不宜放在家庭成员活动频繁的区域，特别是家有小孩的家庭，建议摆放在小孩拿不到的地方，为安全起见也可将叶边的尖刺剪去。

6 山影拳

山影、仙人山

仙人掌科　天轮柱属 *Cereus monstrosus*

水培容易度 

光照强度 

产地分布 原产西印度群岛、南美洲北部及阿根廷东部。现各地广泛栽培。

识别要点 夏、秋开花，花大型喇叭状或漏斗形，白或粉红色，夜开昼闭。20年以上的植株才开花。果大，红色或黄色，可食。茎暗绿色，具褐色刺。

生态习性 性喜阳光，耐旱，耐贫瘠，也耐阴。山影拳不适宜过分潮湿的土壤和光线太弱的环境。

水培管理

① 容器：因山影拳植株叶厚肉多而较重，故选择水培容器和锚定植株的材质时应予特殊考虑，以防植株长大时自行倾倒、侧翻。锚定介质以颗粒

状为佳，最好选用直径1～1.5cm的陶粒，或直径相仿的卵石、矿渣等，容器可选用直径为15cm的瓷盆或相同截面的矩形容器。

② 营养液及管理：可选用园试配方。

③ 水培移栽：取已生根的插穗，洗净后用陶粒锚定在定植杯内，将根须从定植杯内穿出，通过枯落物盖板上的定植孔浸入营养液中。营养液选用园试营养液标准浓度的1/4～1/3，pH6～8，15～20天更新1次营养液。营养液浸没根系1/2～2/3。

常见问题 主要发生锈病危害，可用达克宁、皮康王软膏涂抹，疗效极佳。有红蜘蛛、介壳虫危害，可用200～300倍洗衣粉液或600～800倍风油精液喷洒。

应用与保健 山影拳是植物而又像山石，郁郁葱葱，起伏层叠。宜盆栽，布置厅堂、书室或窗台、茶几等。可以净化空气中的甲醛、一氧化碳、苯。

7 心叶球兰

腊兰、腊花、腊泉花

萝摩科　球兰属 *Hoya kerrii*

水培容易度　★★★

光照强度　

产地分布 产广西，生于低松林。

识别要点 多年生常绿藤本，节上有气生根，叶对生，卵状，矩圆形，肉质肥厚，其叶缘上有乳黄和乳白色斑块，嫩叶还会呈现粉红色、黄白色等，十分美丽。

生态习性 性喜高温、高湿和半阴的环境，不耐寒；茎节气根吸附树干或岩石上生长。喜疏松、排水良好的基质。生长适温为20～35℃，气温在15℃以下基本停止生长，气温在7℃左右能安全越冬。

水培管理

① 水培根系的诱导：从植株上切下叶片，稍晾干，将其叶柄插入花泥中，进行诱导生根，保持花泥湿润。

② 生根后即可置于敞口的玻璃容器中水培观赏。水位宜低，浸没花泥即可，过高影响根系呼吸、生长，发生腐烂现象。

③ 可经常给叶面喷水，保持叶面清新光亮。

④ 球兰喜明亮和稍强的光线，要想植株开花，每天最好有3～4h的较强阳光才能生长良好，但要尽量避免置于阳光下暴晒。在室内应放置在侧窗附近，较有利于植物健康生长。入冬后，球兰处于休眠状态，基本不浇营养液。如果温室温度在15℃以上，放在散光处的球兰仍能继续生长，可适当增加水分和养分，满足植株生长的需要。

常见问题 此花宜放置在透气处，若在通风不良环境中，会受到介壳虫、蚜虫的为害，因其叶厚光滑，少量虫可用人工清除。

应用与保健 心叶球兰叶片心形，有“心心相印”的含义，是馈赠朋友的极佳礼品，是一种很好的室内观叶植物。

8 虎刺梅

铁海棠、麒麟刺、麒麟花

大戟科　大戟属 *Euphorbia milii* var.splendens

水培容易度　

光照强度　

产地分布 原产马达加期加岛。

识别要点 叶面光滑、鲜绿色。花有长柄，有2枚红色苞片，花期冬春季。同属植物常见栽培的有白花虎刺梅。

生态习性 喜温暖湿润和阳光充足环境。耐高温、不耐寒。冬季温度不低于12℃。

水培管理

① 选择直径10cm以下的容器，并选择相应尺寸的定植杯。

② 或者直接将植株的根系浸入营养液中0.5～1cm。

③ 选用日本园试配方营养液，浓度

为原配方的1/4～1/3，pH调至5.5～6.5，15～20天更新1次营养液。

常见问题 常见茎枯病和腐烂病危害，用50%克菌丹800倍液，每半月喷洒1次。虫害有粉虱和介壳虫危害，防治见基础篇病虫害防治。

应用与保健 虎刺梅铁灰色的虬枝，坚硬劲枝若斧削成，尖硬的针刺布满了枝干，枇杷样的叶子嫩绿，修长。小花蕾粉嫩可爱，花木凋零的冬季，只有虎刺梅凌寒不败，几朵鲜红的小花绽放其间，愈显得风姿绰约，倒给居室增添了不少春意。

温馨提示 虎刺梅植株有刺，建议摆放在小孩接触不到的地方。

9 绯牡丹

红牡丹　仙人掌科　裸萼球属　*Gymnocalycium mihanovichii* var. friedrichii

水培容易度　★★

光照强度　

产地分布 原产地为南美洲，我国引种栽培。

识别要点 茎具8棱，刺座小，无中刺。花细长，着生在顶部的刺座上，漏斗形，粉红色，花期春夏季。

生态习性 耐干旱，喜含腐殖质多的肥沃、排水良好壤土。喜温暖，适温3～10月24～26℃，10月到翌年3月15～20℃，最低不低于8℃。喜阳光，但盛夏应稍遮阴。

水培管理

① 容器：因绯牡丹植株较小，故选择水培容器和锚定植株的材质时不需特殊考虑。锚定介质以颗粒状为佳，最好选用直径1～1.5cm的陶粒、卵石。

② 营养液及管理：可选用园试配方，pH 6.0～6.5。

③ 水培移栽：取带有水生根的植株洗净后用陶粒锚定在定植杯内，将根须从定植杯内穿出，通过枯落物盖板上的定植孔浸入营养液中。营养液选用园试营养液标准浓度的1/4～1/3，pH5.5～7，夏季10～15天更新1次营养液，冬季30～45天更新1次营养液。营养液高度以能浸到根系的1/4～1/3为宜。

常见问题 红蜘蛛对绯牡丹球体的威胁很大，特别是在高温多雨的季节，生长蔓延迅速，可使整个球体变成灰褐色，失去观赏价值，严重时甚至造成死亡，保持通风，建议用软刷刷除。

应用与保健 小型盆栽。红色球形体，光彩夺目，极为诱人，可装饰阳台、书桌、书柜、博古架。与其他多浆植物配合加工成组合盆景，别有风味。可以抗辐射。

10 蟹爪兰

蟹爪莲、蟹爪，锦上添花、先人花

仙人掌科　蟹爪兰属 *Zygocactus truncatus*

水培容易度　★★

光照强度　

产地分布 原产南美巴西，19世纪传入欧洲。

识别要点 多浆植物。多分枝铺散下垂，茎节绿色变态为扁平叶片状，长6～7cm，叶已退化为两端及边缘的刺座似螃蟹的爪子。天气变凉时边缘有紫色红晕。花期约30天。

适栽品种类型 目前园艺品种达200多种。蟹爪兰品种可分为三类：巴西蟹爪（仙人指）类、蟹爪类、假昙花类。蟹爪兰类茎扁平宽大，呈节状，节侧有2～4个锐角突起，花色极丰富，有红、紫红、橙红、白、粉红、金黄等。巴西蟹爪叶状茎较窄小，节侧为钝锯齿状，较为平滑，花期约在

农历春节前后，花色有红、紫红。假昙花茎较肥厚，椭圆形或长椭圆形，花色橙红、花期在4～5月间。

生态习性 性喜温暖、湿润、半阴环境。生长最适温度为15～25℃，15℃以下生长缓慢，10℃以下落花落蕾，低于5℃进入半休眠状态，接近0℃时受冻害，最忌气温忽升忽降。夏季避免日光直射及雨淋。

水培管理

① 选择直径10cm以下的容器，并选择相应尺寸的定植杯。

② 洗净根系，在节间分枝处以岩棉、海绵等挟裹，使有不定根系的节间穿过定植杯底孔锚定后，塞入定植孔内，根系浸入营养液的深度不超过1cm。或者直接将植株的根系浸入营养液中0.5～1cm。

③ 选用日本园试配方营养液，浓度为原配方的1/4～1/3，pH调至5.5～6.5，15～20天更新1次营养液。

常见问题 常发生腐烂病和叶枯病危害，用50%克菌丹800倍液喷洒防治。虫害有红蜘蛛危害，用50%杀螟松乳油2000倍液喷杀。

应用与保健 蟹爪兰开花正逢圣诞节、元旦，株形垂挂，花色鲜艳可爱，适合于窗台、门庭入口处和展览大厅装饰，热闹非凡，顿时满室生辉。此外蟹爪兰夜间能吸收二氧化碳，净化空气。蟹爪兰的花语是鸿运当头、运转乾坤。

温馨提示 蟹爪兰是一种向光性很强的植物，在其生长过程中，如果改变它的向光位置，对其长势将会有影响，尤其是在孕蕾期间，改变它的向光位置，可能引起哑蕾和落蕾现象。故此，蟹爪兰在养护过程中，不要频繁地改变它的向光位置。

11 椒草

豆瓣绿

胡椒科　椒草属 *Peperomia sandersii*

水培容易度　★★

光照强度　

产地分布 广泛分布于热带、亚热带地区，尤其是美洲。

识别要点 多年生常绿草本观叶植物。椒草有两种类型：一种是直立性的，从植株的基部分枝；另一种是丛生性的，即根出叶，没有明显的基部，从植株基部丛生叶片，大部分椒草属于这一类。

适栽品种类型 西瓜皮椒草，又称西瓜皮，在绿色叶面的主脉间有鲜明的银白色斑带，状似西瓜皮的斑纹，故名。皱叶椒草，又称四棱椒草，叶面暗褐绿色，带有天鹅绒光泽，叶背灰绿色。肉穗花序，白绿色细长。花叶椒草，又称花叶豆瓣绿、乳纹椒草，为蔓生草木。茎茶褐色，肉质。叶宽卵形，长5～12cm、宽3～5cm；叶绿色，带黄色的花斑。

生态习性 性喜高温高湿与半阴环境。光线太强会引起叶变色。耐寒性稍强，直立性的品种，一般5℃以上就可安全越冬；丛生性品种，耐寒力较直立性品种差，越冬温度宜稍高，约10℃以上。椒草虽然喜湿，但它的厚叶可以储藏水分，因而也能耐旱。

水培管理

① 取材：选取已成型的土培植株，小心地洗净泥沙，去除枯根和枯叶，定植于容器中，加水浸没1/2～2/3的根系。

② 养护：水培初始每2～3天换1次清水，约10天后可长出新根。当新根长至5cm以上时加入营养液，置散射光充足处养护。因其生长缓慢，可1个月换1次营养液。夏季置阴凉通风处，忌强光直射。冬季室温保持在8℃以上，置向阳处接受阳光直射。

常见问题 本种过湿常发生叶斑病和茎腐病，偶有介壳虫和蛞蝓危害。

应用与保健 椒草作为世界著名的观叶植物，其叶片肥厚、光亮翠绿、四季常青、株形美观，给人以小巧玲珑之感，它适合于小盆种植，是家庭和办公场所理想的美化用观叶植物，常用于布置窗台、书案、茶几等处，其蔓性种类又为理想的悬吊植物。对甲醛、二甲苯、二氧化硫、尼古丁、二手烟有一定的净化作用，可过滤浊气，增加室内负离子数量。也是吸收电脑、手机、电视等辐射最有效的植物。

造型高贵典雅，观赏价值高，叶片肉质肥厚，边缘有暗紫色镶边或金黄色镶边，亮叶心形，有金属光泽，具有纳福接气的含义。

12 虎尾兰

虎皮兰、千岁兰、虎尾掌、锦兰

百合科　虎尾兰属 *Sansevieria trifasciata*

水培容易度　★★★

光照强度　

产地分布 原产非洲及亚洲南部。

识别要点 叶片直立生长，颜色为暗绿色，两面有浅绿色和深绿色相间的横向斑纹。花纹似虎皮，所以又叫“虎皮兰”。

适栽品种类型 虎尾兰的栽培变种和品种很多。金边虎尾兰（*S.trifasciata* var.laurentii），叶长70～80cm，叶缘有金黄色镶边。圆叶虎尾兰（*S.cylindrica*），又名棒叶虎尾兰、筒叶虎尾兰、筒千岁兰等，茎短或无，肉质叶呈细圆棒状，顶端尖细，质硬，直立生长，有时稍弯曲，叶长80～100cm，直径3cm，表面暗绿色，有横向的灰绿色虎纹斑，总状花序，小花白色或淡粉色。短叶虎尾兰

金边虎尾兰

圆叶虎尾兰

（*S.trifasciata* var.hahnii），也称小虎兰、虎耳兰，株高仅10cm，叶短而宽回旋重叠，呈莲座状排列，叶长7～10cm，宽2.5～3cm，叶面暗绿色，有横向的灰白色虎纹斑。金边短叶虎尾兰（*S. trifasciata* ），叶缘有金黄色至乳白色宽边，有时整个叶片都呈金黄或乳白色，只有中央的一小部分呈绿色，其他特征同短叶虎尾兰。姬叶虎尾兰（*S.gracilis*），植株呈放射状，叶质硬，广锥形，叶面凹槽形，背面半圆形，叶缘黄褐色，叶色暗绿，具横向浅绿色虎纹斑。

生态习性 抗逆性强，耐干旱，喜温暖环境，生长适温为18～27℃，冬季在12℃以上能顺利越冬。

水培管理

① 容器：虎尾兰植株高大，宜选用厚实容器，根据容器口径选择合适的定植杯。

② 材料处理：将已生根的植株洗净泥土，以锚定介质挟裹插入定植杯扶正固定。在水温

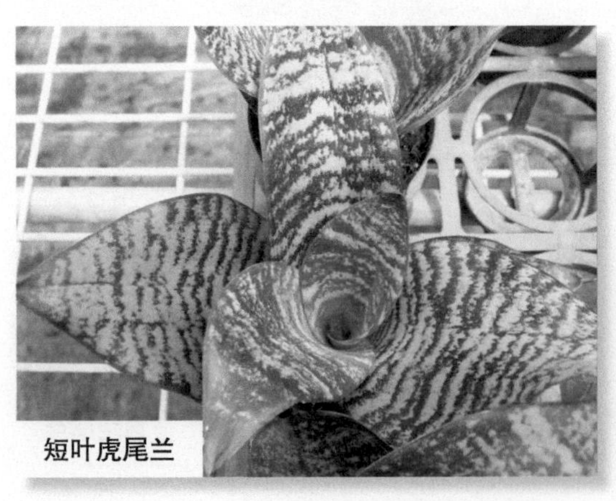
短叶虎尾兰

金边短叶虎尾兰

20℃条件下，10～15天萌生新根。

③ 营养液管理：虎尾兰植株不宜长期浸没于营养液中，保持1/2根系浸没即可，夏季5～7天换水1次，冬季10～15天换水1次。

④ 虎尾兰适应能力很强，既喜欢阳光，又耐阴，但如果长时间缺乏日照的话，叶子会变得暗淡。

常见问题 常见病害为烂根和烂叶，主要原因是根系浸没在营养液中时间过长，导致得不到呼吸，导致烂根，解决方法将植株取出，剪除腐烂部分，用甲基托布津800倍液浸泡后，置于空气中将伤口晾干，重新诱导新根。

应用与保健 虎尾兰堪称是居室的“治污能手”。净化空气能力强，故有“吸毒大王”的美称，它能快速吸收甲醛、氨气、苯等有毒气体。一盆虎尾兰可吸收10m²左右房间内80%以上的有害气体，两盆虎尾兰可使一般居室内空气完全净化。可以有效地吸收甲醛，在15m²的房间内，放置两盆中型虎尾兰，就能有效地吸收房间里释放的甲醛气体。特别是新装修的房子，更是不可或缺的。它的水生根又细又柔特好看，鱼、叶、根共赏，堪称水培花中的佳品。虎尾兰摆放室内可给人以勇气与力量，有利于心脏与肠胃健康。

13 长寿花

矮生伽蓝菜、圣诞伽蓝菜

景天科 伽蓝属 *Kalanchoe blossfeldiana*

水培容易度 

光照强度 

产地分布 原产马达加斯加。

识别要点 多年生草本多浆植物。长寿花株高10～30cm，花顶生，筒状花冠，小花簇生成团，花色绯红、桃红、橙红、黄色。花期极长。

生态习性 短日照植物，喜充足阳光和温暖环境；越冬最低温度10℃。为使其在元旦至春节期间开花，冬季夜间温度应在10℃以上，白天15～18℃。

水培管理

① 水培初始每2～3天换1次清水，2周后加入通用植物营养液，每20～25天更新1次。

② 长寿花管理粗放，生长迅速。茎叶生长过高时应进行摘心，促其多分枝，以保持优美株形，但11月花芽形成后应停止摘心。

③ 除盛夏要避免强光直射外，其他季节均应放在光照充足的地方，光线不足，则枝条细长，叶片小而薄，长期光线不足，叶片会大批脱落，已开花的植株长期放阴暗处，则花色暗淡，继而枯萎脱落。

④ 为使植株在元旦至春节期间开花，冬季夜间温度应在10℃以上，白天在15～18℃间。花谢后及时摘除残花，以减少养分消耗。

常见问题 易受吹绵蚧危害，平时应经常留心观察，发现害虫时，及时手工去除即可。

应用与保健 花朵色彩艳丽；每朵花虽小，但花数多，花朵细密拥簇成团，花色艳丽，整体观赏效果甚好，适合中小盆栽植，也可多数植株拼栽成大盆或花坛。长寿花因花朵寿命长而得名。它的花期正好是农历春节左右，开花时间可超过1个月，加上名字吉祥如意，可说是最受欢迎的应景花卉。

14 棱叶龙舌兰

雷神、番麻

龙舌兰科 龙舌兰属 *Agave potatorum* var. *werschaffeltii*

水培容易度 ★★

光照强度 

产地分布 原产于美洲。

识别要点 多年生常绿植物，植株小型。叶色灰绿或蓝灰，基部排列成莲座状。叶缘刺最初为棕色，后呈灰白色，末梢的刺长可达1cm。

生态习性 喜温暖干燥和阳光充足环境。稍耐寒，较耐阴，耐旱力强。冬季温度不低于5℃。

水培管理

① 取材：于春、秋季节选取株形丰满的土培幼龄植株，用洗根法水培养植。栽培器皿的口径大小要与植株莲座吻合、匹配，使莲座能稳稳地搁置在器皿的上口，加入清水至1/2～2/3根系处，1周后可见根颈处和老根上长出的嫩的水生根。

② 养护：水培初始2～3天换1次清水，小心操作，防止被针刺刺伤，新根长出后加入稀薄的观叶植物营养液，每15～20天更新1次。

③ 棱叶龙舌兰喜充足、柔和的光照，除夏季要防止烈日直射外，其他时间均应置于光线明亮处，最好有直射光。

常见问题 常发生叶斑病、炭疽病和灰霉病，可用达克宁、皮康王软膏涂抹，疗效极佳。有介壳虫危害，少量时可人工捕捉，严重时可用200～300倍洗衣粉液或600～800倍风油精液喷洒。

应用与保健 棱叶龙舌兰叶片坚挺美观、四季常青，园艺品种较多。常用于盆栽或花槽观赏，适用于布置小庭院和厅堂，栽植在花坛中心、草坪一角，能增添热带景色。可以净化甲醛、一氧化碳、苯等。

温馨提示 因棱叶龙舌兰叶片先端有尖刺，故室内摆放时不宜放在家庭成员活动频繁的区域，特别是家有小孩的家庭，建议摆放在小孩碰不到的地方。为安全起见可将叶边的尖刺剪去。

15 大福球

仙人掌科 乳突球属 *Mammillaria perbella*

水培容易度 

光照强度 

产地分布 原产热带沙漠地区。

识别要点 茎圆球形，小至中型，棱由螺旋状排列的疣状突起组成；开花时，娇小而明艳的小花围绕着球体成圈绽放，浆果紫红色。

生态习性 生性强健，适应性强，喜阳光充足，夏季应适当遮阴，以防球体被强光灼伤。越冬温度保持3℃以上即可。

水培管理

① 容器：因大福球植株肉多，锚定介质以颗粒状为佳，最好选用直径1～1.5cm的陶粒，或直径相仿的卵石、矿渣等，容器可根据球的大小选用圆球形的容器。

② 营养液及管理：可选用园试配方。

③ 水培移栽：取带有水生根的球洗净后用陶粒锚定在定植杯内，将根须从定植杯内穿出，通过枯落物盖板上的定植孔浸入营养液中。营养液选用园试营养液标准浓度的1/4～1/3，pH5.5～7，夏季10～15天更新1次营养液，冬季30～45天更新1次营养液。营养液高度以能浸到根系的2/3～4/5为宜。

常见问题 大福球生性强健，抗病力强，但夏季由于湿、热、通风不良等因素，易受红蜘蛛、介壳虫、粉虱等虫危害，红蜘蛛、介壳虫可用200～300倍洗衣粉液，或者（1：60）～（1：70）比例的肥皂水或600～800倍风油精液喷洒。

应用与保健 水培大福球摆放在办公桌、会议桌、居家、卧室、走廊等高级场所均可，而且体积小，占据空间少，是城市家庭绿化十分理想的一种观赏植物。有吸收电磁辐射的作用，也是天然的空气清新器，还具有吸附尘土、净化空气的作用。

温馨提示 大福球全身布满锋利的尖刺，建议摆放在不易触及的角落，避免被其扎伤。

参 考 文 献

[1] 王莲英，秦魁杰. 花卉学(第2版)[M]. 北京：中国林业出版社，2010.

[2] 陈俊愉，程绪珂. 中国花经[M]. 上海：上海文化出版社，1990.

[3] 刘燕.园林花卉学[M]. 北京：中国林业出版社，2003.

[4] 彭东辉.居家养花快易通[M]. 福州：福建科学技术出版社，2005.

[5] 彭东辉.园林景观花卉学[M]. 北京：机械工业出版社，2007.

[6] 彭东辉,宋希强.家庭养花有问必答[M]. 福州：福建科学技术出版社，2009.

[7] 王华芳.花卉无土栽培[M]. 北京：金盾出版社，1997.

[8] 王华芳.水培花卉[M]. 北京：中国农业出版社，2002.

[9] 刘士哲.现代实用无土栽培技术[M]. 北京：中国农业出版社，2001.

[10] 卢思聪，卢炜，朱崇胜.室内观赏植物：装饰、养护、欣赏[M]. 北京：中国林业出版社，2001.

[11] 邱强，郝璟，赵世伟.观叶植物・多浆植物・木本花卉原色图谱[M]. 北京：中国建材工业出版社，1999.

[12] 薛聪贤.观叶植物225种[M]. 杭州：浙江科学技术出版社，2000.

[13] 薛聪贤.观叶植物256种[M]. 广州：广东科技出版社，1999.

中文名称索引